DEAD LAWS FOR DEAD MEN:

THE POLITICS OF FEDERAL COAL MINE HEALTH AND SAFETY LEGISLATION

黑洞

美国矿山安全政治学

〔美〕丹尼尔·J.柯伦◎著　许　超　王　莹◎译　许　超◎校

天津出版传媒集团

天津人民出版社

图书在版编目（CIP）数据

黑洞：美国矿山安全政治学／（美）丹尼尔·J.柯
伦著；许超，王莹译. — 天津：天津人民出版社，
2019.4

书名原文：Dead Laws For Dead Men：The Politics
Of Federal Coal Mine Health And Safety Legislation

ISBN 978－7－201－14636－2

Ⅰ. ①黑… Ⅱ. ①丹…②许…③王… Ⅲ. ①矿山安
全－政治学－研究－美国 Ⅳ. ①TD7②D771.2

中国版本图书馆 CIP 数据核字（2019）第 052817 号

Published by agreement with University of Pittsburgh Press，7500
Thomas Boulevard，4th Floor，Pittsburgh，PA 15260，U. S. A.

黑洞:美国矿山安全政治学
HEIDONG

出　　版	天津人民出版社
出 版 人	刘　庆
地　　址	天津市和平区西康路 35 号康岳大厦
邮政编码	300051
邮购电话	（022）23332469
网　　址	http://www. tjrmcbs. com
电子信箱	reader@ 126. com
责任编辑	郑　玥
特约编辑	武建臣
装帧设计	明轩文化·王烨
制版印刷	北京诚信伟业印刷有限公司
经　　销	新华书店
开　　本	710 毫米×1000 毫米　1/16
印　　张	11.5
插　　页	2
字　　数	180 千字
版次印次	2019 年 4 月第 1 版　2019 年 4 月第 1 次印刷
定　　价	69.00 元

目 录
Contents

前　言

　　1968 年，发生在西弗尼吉亚州法明顿固本煤炭公司（Consolidation Coal Company）的大型矿难致使 78 名矿工遇难，并最终导致了美国历史上最具象征意义的煤矿健康和安全立法。在这起矿难发生后半个世纪的时间里，陷入困境的煤矿业仍然存在诸多问题。毫无疑问的是，死亡和受伤人数正在逐渐减少，但美国联邦安全法规的遵守以及执行问题仍然是个谜。

　　近期发生的两起事件支持了这一看法。首先，针对 1968 年法明顿矿难的调查仍然是个谜。2011 年，一位调查者发现了一名联邦煤矿检察员在事故发生两年后所写的备忘录。备忘录上写道：“我通知了我的上司：有一名证人指出，连接在风扇上的报警器是被别人故意破坏掉的，这个报警器是用来警告矿工甲烷气体浓度上升的。然而这个证据却被调查者忽略了。”一位遇难矿工的妻子说道：“我不相信他们能掩盖这一切……是固本煤炭公司的那些人在操纵风扇。你会发现政府管制者什么都知道，但是他们却什么都不做。”（Boselovic，2016）

　　其次，2010 年在西弗尼吉亚查尔斯顿（Charleston）附近的上大支流煤矿（The Upper Branch Mine）发生了爆炸事故，致使 29 名矿工遇难。联邦调查人员发现是“一些基本的安全违法行为”导致了此次爆炸案的发生。更重要的是，这个煤矿的主人——梅西能源公司“为不遵守安全和健康标准做出了系统的、刻意的且积极的行为，并且他们也极力阻止联邦和州对事件的调查”（Berman，2016）。2015 年 12 月，梅西能源公司的前首席执行官唐·布兰肯西普（Don Blankenship）被判入狱一年，迈出了煤矿安全标准执行历史上罕见的一步。所以说，虽然美国保护矿工的法律还存在，但守法之路并不平坦。

　　不幸的是，煤矿矿难并不只在美国存在，这些保护矿工的立法也没能阻止矿难发生。2016 年 2 月，发生在俄罗斯沃尔库塔塞尔那亚的 3 起爆炸案夺走了36人的生命。在印度(包括煤矿和非煤矿)每10天就有一个矿工遇难,2015年,印度煤矿平均每3天就会发生一次严重矿难。有趣的是,行业观察人士,包括印度最大的国有煤矿公司的高级管理人员都承认实际死亡人数远比官方报道的多得多(*The India Express*,2016年9月12日)。在中国,政府也在努力保障工人的健康和安全。2002年,中国共有7000名矿工遇难,到了2014年人数大幅度缩减到931人,但采煤业在中国仍是一个危险性的行业。在2015年11月至2016年3月间就发生了4起严重的矿难,致使60余名矿工丧生。在各国案例中,一起重大矿难好像只能带来几次现场对话,这些对话者拒绝承担责任,也不会承诺改善安全状况,其他什么也不会改变。

上述场景在很多方面描绘了煤矿健康和安全的历史。矿工遇难打乱了煤炭业的平静。矿难激起了人们对采矿业内在危险及对这个可能被疏忽的行业的关注。然而煤矿公司极力否认人们的这一认识,他们否认存在任何错误行为,并且重申了矿山经营者对矿业安全的承诺。然后联邦规制部门开始介入,以排解危机。

本书将聚焦于联邦为确保煤矿业——传统上美国最危险行业——的工人健康和安全所作的努力。20世纪以来,有10万以上的矿工死于煤矿事故,有数十万矿工因为事故和职业病而致残,尤其是黑肺病。在本书中我将检视一系列法律,这些法律逐步拓展了联邦政府在煤矿领域的职权。我试图从社会、法律、经济和政治方面来诠释,是这些因素促成了美国煤矿健康和安全方面的法律。简单说来,我将问两个问题:这些法律在何时为何得以实施? 这些法律是否有效改善了矿工的工作条件?

通过回查证据,我们将发现联邦立法对于煤矿条件的改变几乎是无所作为。煤矿安全法律的存在没有确保这些国会法案中的标准得以实施或以任何方式来解决问题。在本书中,通过研究煤矿安全法律的创建、贯彻、实施及相关官僚机构活动,我将阐明立法意图和实际执行之间的距离有多大。

本书有七章,可以再将其分成三部分:理论陈述、煤矿安全立法的历史回顾、对1969年联邦煤矿健康和安全法案及1977年修正案的分析。第一章提出理论观点。我回顾了有关法律创建传统研究模式的基本原则,评估它们之于煤矿健康和安全立法研究的适用性。然后我介绍了本书所使用的理论框架。我认为,法律是致力于解决发生于特定社会环境下冲突过程的结果。

第二章,我开始进行历史分析,对美国煤炭业进行观察,从最初作为主要能源而出现到 19 世纪的持续增长。在这一章,我也回溯了煤田工联主义(trade unionism)的兴起。

第三章着眼于 20 世纪前十年联邦政府在处理矿山安全和健康方面所作的努力。我试图重构第一部煤矿立法所处的社会经济环境,以阐明法律如何影响既存的社会关系及如何用法律条款来维持这些关系。此处以及余下的研究都将重点放在烟煤煤田的发展上,因为它们曾是 20 世纪工业活动的中心。

在作为历史回顾的最后一部分的第四章,我描述了二战后煤矿工业的衰落及一直持续到 20 世纪 60 年代的煤炭业的发展困境。我研究了这一时期煤矿安全立法的每一个案例。我也回顾了美国矿工联合(UMWA),尤其是在约翰·L. 刘易斯的领导下在工人的健康和安全立法斗争中所发挥的作用,同时也讨论了妨碍 UMWA 成功的结构性因素。

第五章,我转而对《1969 年联邦煤矿健康和安全法》(The Federal Coal Mine Health and Satefy Act of 1969)进行了研究,这个法案号称是当时世界上惩罚力度最大的煤矿监管法案。我将从 1968 年法明顿矿难后所发生的各种事件着手,这起矿难促成了更严格的立法。我论述了 1969 法案所涉及的经济和政治环境:涉及的利益集团及其主张,辩论的核心问题及法律的最终版本。这一章还包括对 1969 法案条款贯彻和执行的评估。在这一部分我查阅了 1970—1977 年有关执行的统计资料,1969 法案所建立的标准在这些年依然有效。最后,本章以对 UMWA 政治的研究而结束。

第六章,我探究了 1977 联邦矿山安全和健康法修正案的影响,简要回顾了这一重大转变,然后检视了 1978—1988 年间法律实行的资料。我对里根总统时期所发起的放松规制政策给予了特别关注。第七章通过整合第一章的理论观点及第二至六章中的经验资料而把本研究整合在一起。尽管在分析中理论和资料缠绕在一起,但此处我仍要重申理论视角,以及它与当前分析和一般法律研究的相关性。结语中本书阐发了一些更宽泛的政策问题。不只关注于某一特殊煤炭法律的专门改革,而是对所有健康和安全立法政策的实施进行更广泛的讨论。

需要指出的是,我在本书标题中使用"男人"(men)这个术语绝非否定女性在矿工斗争的作用。女性遭受着作为矿工和幸存者的双重痛苦,她们经常是劳工抗议中声音最大的一群人。标题实际上是采用了传统煤田格言的说法,把煤炭法的通过同矿工之死联系在一起。

我想感谢抽出时间同我讨论煤矿安全问题的矿工们,同样也感谢那些给我帮助的美国矿业安全和健康管理局的(MSHA)工作人员,他们给我提供了资料,并且同我谈论了这个问题(即使我们有所分歧)。我也想感谢匹兹堡大学出版社的凯西·麦克劳克林(Kathy McLaughlin)和皮普·赖思凯(Pipp Letsky),前者的意见改进了这本著作,后者的编辑也提升了这本著作。同时,我想感谢卫平(Wei Ping)给我的提点。特别是感谢许超教授(Professor Chao Xu),因为他主动提议把我的英文著作翻译成中文,让这本书和他的研究(On Political Process of Coalmine Safety Government of America)相得益彰。我也想表达对比尔·钱布利斯(Bill Chambliss)的感谢,他独特的研究洞察这些年一直激励着我。最后,我想感谢我的儿子们,肖恩(Sean)和艾丹(Aidan),还有我的妻子启君(Pammi)和孙女应德(Ide),尤其要感谢克莱尔·伦泽蒂(Claire Renzetti)和莫林·奥康(Maureen O'Connell),她们一直是激励和支持我前进的动力。

第一章
法律和法律创制

煤矿立法研究不同于法律社会学中的其他研究。这种不同体现在两个方面：一是法律如何被创制；二是检验法律是否得到执行。"作为训练有素的社会观察者"，我们在研究中常常轻视乃至完全忽视研究资料的来源问题，而这些资料与我们所研究的社会现象及相关人员密切相关。由于不重视资料来源问题，以至于我们的研究常常与现实脱节。

基于这种思考，我从浩瀚的煤田口述史中挑出两句谚语开启我的法律创制模式研究。这两句谚语尽管已年代久远，但现在很多矿工仍喜欢用它们来解释健康和安全领域中的立法行为。有趣的是这两句谚语（就像传统的立法理论模型）相互矛盾：一句出于社会反应视角，另一句则强调阶级统治。这两句谚语都映照出煤炭工业的现实。第一句谚语是"遇难矿工是煤矿安全立法的主要推动者"，第二句则言简意赅，即"煤炭王统治"。

本章首先对矿业安全和健康立法中的传统理论进行简要评价，其次从另外一个视角诠释法律创制过程的复杂性，最后将讨论这个立法过程中州政府的重要作用。

1. 遇难矿工是煤矿安全立法的主要推动者

矿难和联邦煤矿立法之间的关联非常清楚，每项重要健康和安全法规的通过必然伴随着一起或一系列重大矿难。基于这种关联，许多煤炭工业研究文献使用了"灾难法"这一说法（Braithwaite，1985，78；Lewis-beck and Alford，1980，746—748；McAteer，1973，213；Bethell，1972，77—80；Wieck，1942，6，116）。从理论上讲，这些观点与那些主张"矿山死难者推动了公民道德行动"的观点本质上并无差异。[1]根据涂尔干的理论，法律与"集体意识"紧密相关，常常深陷于人们对不良行为和事件的情感冲动和即时反应

（Durkheim，1964，73，109）。迈克尔·刘易斯－贝克（Michael Lewis-Beck）和约翰·奥尔福德（John Alford）的著作鲜明地表达了这种观点："很多煤矿立法都是那些骇人矿难的产物。与其他监管法规的立法过程相比，这种立法模式下的法律一般在公众情绪愤怒到极点时才得以通过，以防止再发生其他意外事件。"（1980，746）。

　　只要法律能得到合理和全面的执行，人们便会相信这样的立法会使矿难大幅减少。正如这种观点的倡导者韦伯所言，为了实现这种法律理性，法律必须由那些经过专业训练的个人所组成的"职业群体"执行才能确保法律得到遵从，违规者得到惩处。这也是法律的一个显著特征（Weber，1954，5—6）。这个法律专业队伍建立于国家机构之中，而国家机构则独立于相互冲突的各种利益集团之上，从而确保一部理性的法律能被公正和普遍地施行。在一些研究者眼中，矿务局（The Bureau of Mines）、矿业执法和安全管理局（The Mining Enforcement and Safety Administration，简写为 MESA），以及现在的矿业安全和健康管理局（The Mine Safety and Health Administration，简写为MSHA）就是致力于执行法律的国家机构代表。莱斯利·博登（Leslie Boden）写道：

　　　　《煤矿健康和安全法案》（*The Coal Mine Health and Safety Act*）在1969 年 12 月 30 日变成法律。这部法律颁布了统一化的工作场所健康和安全标准。联邦检查员负责实施这些标准，由他们监控工作场所是否符合标准。如果发现违规现象，就下令制止并施以惩罚。（1985，497）

　　总而言之，可以达成两点一致意见：①美国重要的健康和安全立法是大规模矿难的结果，这些矿难激起了公众情绪；②政府执法机构能够建立应当感谢这些矿难。

　　毫无疑问，上述对联邦煤矿立法的描述是真实无误的，但它描述得全面吗？当然，可以说公众对矿难的抗议是其所秉持的共同价值观的展现。但一定要认同"公众反应是法律的唯一源泉"或者"法律是社会共识的体现"的观点吗？同时，记录文档充分证明了是联邦政府建立和资助了监管机构，但这些文档就意味着这些官僚机构已经开始有效地忙于健康和安全问题了吗? 正如我在接下来的简短探讨中所言,每个问题的答案都是"不"。但在我回答"为什么"之前,我们还必须看一下第二个谚语。

2.煤炭王统治

第二个研究视角常常发生于煤炭工业研究中。这个视角非常强调社会关系结构,尤其关注资本家和工人间的不均衡权力关系。这种"阶级"主张基本上属于马克思主义观点,聚焦于煤矿公司金钱利益和他们所雇佣工人之间的冲突。在对阿巴拉契亚煤田(Appalachian Coalfields)的分析中,约翰·加文塔(John Gaventa)描述了上述境况:

> 在这种模式下,面对大量的不平等现象,阿巴拉契亚谷的人民(矿工)一再提出挑战,然而却一次又一次地被权贵们阻挠或排斥。这些权贵们竭力保护着自己的这些不义之财……跟过去一样,这种模式现在也一直被用作维持和加强"不在场统治"的社会和政治秩序,这种秩序是在 19 世纪晚期的地区"殖民化"过程中建立起来的。当然随着时光变迁,阿巴拉契亚谷也发生了许多技术、文化及社会生活上的转变。但在这种变化中,基本的不平等模式、权贵和贫贱者的支撑模式即使没有强化,至少也被留存了下来。(1980,252)

加文塔的描述与 C. 赖特·米尔斯(Wright Mills)对统治阶级的经典描绘很相似。在赖特的笔触下,"结构内部一个庞大的权力精英阶层被描绘成被压迫者和穷人的反对者,他们禁止这些贫贱者参与政治,以防止他们改变当前现状"。(Mills,1956,29)这两段论述强调了两个以阶级为核心的主题:第一,存在一个权力分配不公的社会结构;第二,掌权者将会利用体制去维护他们的地位,同时拒绝无权者使用那些将会导致社会结构改变的政治手段。让我们仔细看一下这两个主题。

既然巨大不平等现象铁证如山,那么学者们也一致认同煤炭业中劳资之间存在极端剥削关系的事实。(Gaventa,1980;Caudill,1963,1977)从很早开始,经营者对工人的控制就几乎渗透到矿工生活的方方面面。最早使用以及最有效的控制工具就是煤矿小镇或工地宿舍,一切规则由雇主制定,矿工及其家庭在这里生老病死。工作和家庭一体化意味着对人的完全控制。如果一个人工作出了问题,不仅意味着这个人可能失去工作,还意味着流离失所。公司小镇代表着一个社会体系,雇主能够借此影响和操纵工人,以便维系他们的地位。

这也导出了第二个主题——利用其他社会机制以维系权贵对无权者的支配地位。哪些手段可用?哪些手段最有效?阶级视角的拥趸肯定会回答:"法律"。在这些论述中,广泛流行的是这种精英观点,即"法律"只是统治阶级意识的体现,是统治体系的一个重要组成部分。像法律一样,国家也只是阶级统治的工具。它在帮助权贵阶层,却无视无权者的困境。哈里·考迪尔(Harry Caudill)写道:

> 在大部分历史时间中,煤矿都开在偏远地区,很少受到法律制定者及公众的注意。所采用的安全标准来自形同虚设的州(及联邦)矿务部门以及丧失良知的矿主:前者总是资金匮乏,因此工作岗位常常被那些"行业热爱者"(friendly to the industry)所充斥;后者很少遵守安全规程,因为他们的安全投入会削减利润。结果就是煤炭工业兴起以来已有10万人死于采矿事故。(1977,493)

正如对"灾难法"的一致性解释,阶级学说者所呈现的案例也是有力的。不平等是煤田无可更改的生活现实。但是当一个人考虑法律和国家的阶级模式概念时,问题也就浮现出来:所有的法律都是权贵利益的反映吗?政府总是以牺牲工人利益为代价而专为精英阶层服务吗?两个问题的答案都是"不"。当然,这并不是说阶级理论视角对社会剥削状况的描述不正确,而是说这种线性思维使我们难以全面理解煤矿立法得以推进的社会环境。

3.遇难矿工和煤炭王

现在我们已经回顾了在传统矿业立法研究中所应用的两个法律创制模

式,那么我们评价这些理论的基点在哪里?两者都有一些基本缺陷。第一,两个理论都缺乏普遍解释力:它们没有认识到可能有多种社会动力推动了一部专门法的发展;它们也没有认识到,并非所有的法律都面临同样的一系列影响因素,这些法律也不是在同一个社会环境下制定出来的。换句话说,狭窄的理论视野(无论定位于大众还是精英)使其难以阐明不断变化的外部条件,也无法提供其他可能的解释,从而使人很容易忽略掉法律内在的剧烈演变。第二,尽管两种模式对于法律来源的观点各异,但有一点是相同的,它们都将国家和法律体系看得过于简单化了。在它们看来,国家和法律只是手段,代表着某些特定利益(是公众利益还是统治阶级利益取决于一个人的研究视角),除此之外,再无其他独立性的功能。

从积极的角度来看,两种模式为我们在当前社会中认识法律和法律创制提供了很多精辟的见解。至于矿业立法,这些回应论者(consensual theorists)说得也没错,他们认为法律就是对矿难后公众愤怒情绪的回应,国家之所以设立诸多官僚机构就是为了满足这些诉求。同时,阶级论者对煤炭开采业中不平等权力的描述也是切中要害,法律只是保护权力阶层利益的法律,政府机构对于如何改变这种糟糕境况几乎是无所作为。

看起来我正在支持这些有关国家和法律的相互矛盾的说辞,但实际上我没有。反过来我要指出,法律创制是一个错综复杂的过程。不同的社会环境产生了不同类型的法律:一些法律是写给有权者看的,另一些则是写给普罗大众的。但大部分法律都试图真正解决不同利益阶层之间的危机和冲突,虽然实际上可能没那么公允和彻底。在这个过程中政府扮演了多重角色,既服务于工人阶级,又服务于资产阶级。我需要的是这样一种理论,它只是把国家和法律看作解决特定社会情景冲突过程中的两个要素。这也是我接下来的任务。

4.构建一个新范式

C.赖特·米尔斯说过:"所有真正的社会学都是'历史的社会学'。"(1959,146)他解释道:

　　如果不利用历史材料,我们不能期望去理解任何一个社会,哪怕是一个静态事件也无法理解。任何社会概念都是一个历史的具象。马克思所称的"历史特殊性原理"(principle of historical specificity)首先所指的是这样一条准则:要理解任何一个社会,必须落实到其所处的特定时期。然而这个"时期"可以被定义为在任何特定时期占据主导地位的制度、意识形态、男女类型,从某种意义上来讲,它们构成了一种独特模式。(1959,149)

　　把这个原理引申到法律研究中也是符合逻辑、切实可行的。为了理解法律,一个人必须把法律创制过程视为"致力解决一个特定历史时期中内在结构矛盾、冲突及困境的过程"(Chambliss,1979,7)。因此,如果一个人想对美国20世纪已颁布的任何立法进行研究的话,我将会劝告他必须接受资本主义民主这个现实。进一步讲,正如霍利·麦卡蒙(Holly Mccammon)所说:

　　　　在资本主义经济中,(法律和)国家政策通常会体现并强化不平等的阶级关系。国家政策通常是强化了阶级对立及阶级关系。这样才能保证资本主义生产组织和资本赢利能力的长期安全和稳定。这并不是说国家政策必然服务于资产阶级利益,只是说这些政策是斗争的产物。在资本主义环境下的斗争中,雇主及其利益代表者通常会占据优势。(1990,207)

　　如果我们把这个模式应用到当前分析中,就会发现这些矿业法律也同样体现了同资本主义基本矛盾相关的冲突:劳资矛盾。至于采矿事故等单个要素,只有将其置于劳资关系之下,才能真正弄明白它对法律创制的影响。我的分析显示:只有在煤炭需求量大的工业繁荣时期,矿工对矿难的抗争才有意义。这时工人的岗位相对比较安全,他们通过威胁破坏生产以对立法者施加强硬压力(Nyden, 1978,27)。每当这类威胁达到关键时刻时,法律就会冒出来以消解不满。换句话说,这些法律消除了危机,它们意在维护或恢复社会和谐。为了确保这种稳定,政府必须提出一个能充分满足工人诉求的解决方案,但不必对行业现状介入太多。

为了达到这个目标,政府所提出的解决方案大多是在当前的资本主义社会关系框架内去努力消除问题。法律文本只是表达了冲突的外在困境而非内在根源。煤炭法只是满足了工人的某些要求,但没有显著改变其生产过程的内在危险性(这些危险能为雇主带来利润)。这必然导致更深层的危机,因为立法只能解决当前的冲突,但无法解决社会基本矛盾。实际上,问题不仅源于最初未阐明的矛盾,还源于新的或潜在的次生矛盾。由于原来的这些矛盾解决策略不见成效,那么那些次生矛盾就会渗入到冲突过程中去。换而言之,正如詹姆斯·奥康纳(James O'Connor)在美国二战后经济计划的研究中所言:"之前的危机解决方案成了之后的'问题'。"(1984,56)例如,过去限制伤亡条款的失败导致人们对政府失去信任,这种状况有时可能被称之为合法化危机(Della Fave,1986;Connolly,1984;McCarthy,1978;Habermas,1973)。

这种分析意在阐明,国家对这些维护经济关系的法律工具的使用如何导致了法律的二重取向,这些法律"把工人阶级的诉求和精英阶层欲使资本主义经济活动合理化的企图给杂烩到一起"(Klare,1982,63—64)。对于工人来说,法律必须在字面上表达出他们当前的关切;对于资本家来说,法律必须支持或促进企业盈利。政府同时要做两件事情,既要帮助资本盈利,又要对大众维系自身的合法性。奥康纳将这种状况称之为"资本主义国家职能的相互矛盾性"(1973,6)。往往由同一部法律来满足这些相互矛盾的诉求。国家描绘了"人人平等"这样一幅美妙的法律图景,比如废除因出生、社会阶级和财富而导致的不平等。然而法律"形式上"(就像交换中的商品"形式")通过促进这种虚假平等,实际上仍然服务于资本家利益。这种法律被假定服务于整体社会利益,通过强调法律自主性实现了所谓的平等,但这种字面上的平等遮盖了真正的权力关系。(Klare,1982;Beirne,1979;Balbus,1977;Hirst,1972)。看起来这种法律赋予或保证了所有权利,但这些法律文字有很大的弹性(可能以"模糊条款"的方式体现出来),并依此来调整社会中的经济关系。(Connor,1984,206—207)

这种双重假说得到了诸多研究证据的支持。为了阐明这一点,让我们把目光转向加布里埃尔·考尔科(Gabriel Kolko)和马丁· J.斯克拉(Martin J Sklar)的研究,他们研究了美国进步时期的立法状况,第一部煤矿安全法就是在那时通过的。尽管有人可能认为加布里埃尔·考尔科(1963,1965)的研究陷入阶级论的窠臼,但他依然为我们提供了一个样本——在监管法领域内法律也能服务于多重目标。在他对世纪之交(19世纪末至20世纪初——译者注)铁路及肉类加工业的研究中,考尔科仔细研究了这些法律,认为这些法律在制定之初就被烙上"进步"的政治色彩,它们站在普通民众一方,以保持经济、社会和政治力量的平衡。(1965,3)但在这些华丽辞藻的下面,考尔科发现了另一个秘密:这是一部资本家利益导向的法律。监管只是为了稳固大公司的优势。考尔科的研究清楚地表明,联邦规制行业中的大金主成为联邦规制最重要的一股推动力,他们呼吁制定严格的规制条款。因为无法承受昂贵的守法成本,小公司就会被赶出这个行业,从而增加其他公司的市场份额。这样,科尔考就证实了法律的双重导向,它在守护民众幸福的同时,也在维护不公正的经济秩序。联邦健康和安全法的方方面面一开始都在某种程度上显示出平等主义取向,但实际上只是创制了一种"形式正义,它通过把经济不平等合法化,径直强化了经济权力"。(Turkel,1981,48)

通过对1890年和1916年的反托拉斯法的分析,马丁·J.斯克拉对进步时期的立法提出了另外一种研究视角。他仍支持这种双重导向。根据"法团解放"(corporate liberation)讨论中的框架,斯克拉拷问了法律随着美国经济内在变化而变迁的观点。他写道:

> 总之,法律既不是资本家财产和市场关系的反映,也不是居于其上的上层建筑。它是当前基本模式及其诸多关系的展现。当这些关系面临剧变时,法律将会演化发展。但是如果法律中的这种变化由于纲纪废弛和政治混乱而受阻,如果它没有处于革命性剧变的环境下,那么法律也不会演化发展。(1988,89)

根据当前研究而言,法律与现存社会关系不相容将会导致冲突和潜在危机。

斯克拉的研究使我们得以洞察规制何以会被资本所接受,尤其是通过参照1910年美国第一部煤矿安全立法。他解释道:

根据"法团自由"的观点,在与市场关系相关的法律和政策中,普遍福利和公共利益被视为最高目标。这就意味着在资本主义的"法团"阶段,政府在规制和分配方面的积极职能得以持续增长。但总体而言,法律也尽可能地维护个人自主性和私有财产所有权,反对国家干预和国有制。(1988,38—39)

换句话说,法律的进步是在社会关系要素得以明确界定的情况下取得的。

我来重申一下我的论述:尽管我认为国家政策和法律暗含阶级偏见,但正如阶级论者所宣称,我并不认为资本家的经济需要和法律的内容有着一一对应关系。我的国家概念更多是结构性的,它意味着国家将运用法律去维系资本主义体制的长期利益,而不是单个资本家的利益,这样它就维持了不平等的阶级关系(Clark and Dear,1984;Block,1987)。换句话说,"国家法律代表着资本家整体的利益,而非听从他们的个别要求。"(Mollenkopf,1975,249)

为了实现这个目标,有时可能就要惩罚某个特定的资本家个人或资产阶级的某些群体,以维护资产阶级的整体利益。卡尔·马克思和弗里德里希·恩格斯对此进行过论述:

> (资本家)个人的统治必须同时也是一个一般的统治。他们个人的权力的基础就是他们的生活条件,这些条件是作为对许多个人共同的条件而发展起来的,为了维护这些条件,他们作为统治者,与其他的个人相对立,而同时却主张这些条件对所有的人都有效。由他们的共同利益所决定的这种意志的表现,就是法律。①

通过对资本家们的指控,国家发挥了它的双重作用。一方面,它防止了个别资本家肆意妄为,这有可能破坏整个资本主义体制。一个公司对劳工

---

① 《马克思恩格斯全集》(第三卷),人民出版社,1956年,第378页。——译者注

的虐待和剥削有可能会突然引发全行业的组织化抗争。另一方面,通过强化"全社会"法律的观念,对特定个人和公司的惩罚有助于提升整个法律制度的合法性。

至此总结一下我的观点:法律创制并非社会大众或精英阶层要求的反映,而是维系现存社会和经济制度的危机解决过程。法律通常必须实现两种功能:它必须同时满足工人阶级的要求和资本家的经济需求。因此我认为,法律和相应的国家政策会深陷于自相矛盾之中,这也会导致法律失效,从而引发更大的危机。因此,我研究的首要目标在于揭示出联邦煤矿健康和安全立法的应急导向性本质。通过这种研究,我将提供法律具有双重导向性的证明资料。做完这些,最后我将转到立法过程中联邦规制机构作用的研究。

通览这项研究的全部内容,我批评了联邦机构在改善煤矿安全和健康状况方面的无能。有人可能认为我接受了默里·埃德尔曼(Murray Edelman)和其他人所提出的管制机构的"象征"功能的提法。埃尔德曼认为监管机构的一个主要功能就是在普罗大众中"诱发一种岁月静好的感觉",以此来消除紧张气氛(1964,38—39)。这种"散乱的象征性满足"最初是由这些政府部门提出来的,它们把自己当作纳税人、消费者、工人及其他社会弱势群体的救世主,宣称它们这些部门将会以公正、平等的方式保护所有人。一旦机构建立起来,公众不满被消除掉,对于那些曾在最初的立法阶段被当作工具的"乌合之众"来说,这些规制机构就只是在履行一种象征性或法定性职能。更直接了当一些,埃尔德曼假设,"如果一方面根据政治和法律承诺之间的差异进行监管,那么资源分配作为整个监管过程中的最大象征性功能就会立刻凸显出来"。(1964,22)

尽管这种象征性功能的观点在最基层单位很受欢迎,但显然它们所创制的法律和管制机构并非是纯粹象征性的。这种观点不仅假设法律制定者预先密谋共同编造了一段故事,它还暗指法律及其相应的官僚机构对于法律的各方倡导者都毫无帮助。因此,尽管接下来的分析基本聚焦于矿山安全和健康法的合法性维度,但我也认为,法律在某种程度上对于矿工生命还是有着积极而真实的影响(例如,黑肺病救济金就是根据1969年法案第四条而设立的)。

进一步讲,根据资本积累理论,完全象征性模式下的规制机构行为所发挥的作用的重要性会大打折扣。在如何强化煤炭行业的公司权力方面,这些由不同煤矿法案所创设的机构常常扮演了积极的角色,这也间或提升了这些煤炭公司的行业支配优势。

与其说因为这些管制机构只是"花瓶摆设"而无法影响法律的改变,我倒认为是法律本身限制了这些机构的能力,使它们难以有所成就。第一,是法律塑造了官僚机构(因为我认为法律是冲突的产物,它意在维系社会关系),那么对于这些为实现立法目的而创设的机构这么做丝毫不用感到奇怪。例如,第一部联邦煤炭安全法中冠冕堂皇的说词看起来是为了解决安全问题,但实际上它设立矿务局的目的不是为了帮助矿工,而是为了扶持煤炭行业。之后的立法也通过限制执行权和紧缩预算的方式对那些可行的规制活动设置重重阻力。

第二,在许多法律中依然存在诸多漏洞以及限制机构效力的其他潜在因素。

如安德鲁·霍普金斯(Andrew Hopkins)和妮娜·帕内尔(Nina Parnell)在澳大利亚煤矿管制的分析中所言:

> 但是我们认为,法律制定和法律执行之间的差异被夸大了,因为执行困难经常是法律自身的一部分,很多法律因为被塞入"例外条款"使执行几乎成为不可能。不仅如此,通常那些主张强化监管者还没有发出声音,这些例外条款就变成了法律。显然这些人还没有意识到这些条款的重要性。(1984,179—180)

实际上,美国煤矿安全法的历史表明,这些例外条款的存在经常使监管者的努力付之东流。

第三,这些机构本来就属于政治性机构,因此也要服从于政治及社会经济背景的转变。当政治和社会经济背景发生变化时,它们也必须进行相应的调整。在对里根政府解除规制时期的法律执行研究中可以发现,这一点表现得尤为明显。例如,矿山安全和健康管理局看起来似乎有所成就,但当其目标因为新的政治议程而被调整时,其努力就会中道受阻。

　　本书的一个分专题是劳工立法抗争的局限性。这里面主要有两个问题：一是美国矿工联合会（The United Mine Workers of America，简写为UM-WA）领导层所带来的结构性局限；另一个是劳工武装抗争的法律局限。这两个问题使采煤业中兴起了一种"经济工联主义"组织，它们认为应当减缓抗争运动，以促进矿工的健康和安全状况。

　　基于这种情况，在随后的章节中我将设法重建每部联邦煤矿健康和安全法案的立法斗争得以发生的社会历史环境。在每个案例中，我尽量用事实证明立法的双重性，评估该法律对于降低煤矿危险究竟有何影响。在第7章，我将根据前面这些章节中的实例来评价我在该章所提观点的效用和价值。

第二章
18 世纪和 19 世纪:行业初显

作为 20 世纪的一种工业推动力,煤炭在美国的发展中扮演着不同的角色。20 世纪早期,作为一种必需的商品,煤炭大约占到了国家总能源的75%。到了 20 世纪 60 年代,煤炭需求量急剧下降,以至于很多人给采煤业贴上了一个"夕阳产业"的标签。到了 70—80 年代,由于石油短缺以及人们日益担忧核电的安全性,导致煤炭业复苏重新成为了一个支柱产业,煤炭使用量也达到了创纪录的水平。因此,煤炭不仅是以往社会的主要能源,也是一种极具前景的未来社会能源。尽管煤炭产业的状况变化很大,但煤炭企业的这个特性却恒久不变:采煤业过去和未来都是一个高危性行业。为了探究采煤业中的这些健康和安全问题何以迟迟得不到解决,首先有必要了解采煤业的社会现实,这个行业一直没重视上述问题。

1.18 世纪的煤炭业

尽管储量丰富,但美国过了很久才把煤炭作为其主要能源。因为有大量木材可用,对于早期的美国人来说就没必要使用其他能源,所以几乎没有人烧煤。[1] 煤炭使用受限的另一个因素是采煤业本身。在前工业化时期的大部分时间里,只有地层表面的天然煤才会被人利用。这些煤炭长期裸露在外,不断被风化雨蚀,属于劣质燃料。它们发热量很低,燃烧时还会散发出有害气体。

煤炭最早被开采于 1701 年,地址位于詹姆斯河一带的马纳金(Mana-kin),即今天的弗吉尼亚州里士满(Richmond)附近(Eavenson,1942)。一年以后,一位定居者向弗吉尼亚州当局申请在他的铁匠铺里烧煤并获得准许,这是最早的煤炭商业使用记录。在之后的 50 年间,数以万计的小型商业煤矿在弗吉尼亚州和宾夕法尼亚州建立并运营,以满足铁匠和钢铁工人日益增长的煤炭需求。随着诸如威廉之子约翰·佩恩(John Penn)等人投资于煤炭这一新兴产业,煤炭的商业前景在这一时期也开始显现。从1736年起,佩恩获得了位于宾夕法尼亚西部阿勒格尼和莫农加希拉河交汇处的重要煤炭资源。1784年匹兹堡市在此建立,并最终成为19世纪烟煤和钢铁工业的交易中心之一。

和很多早期欧洲采矿业一样,当时美国的大多数煤矿是露天作业,几乎没有任何机械化工具。经营良好的矿大多位于河流附近,这样方便把煤炭运送到市场出售。1758年,虽然弗吉尼亚州的煤炭被运往北波士顿、纽约、费城等地,煤炭被明确为商品,但是木材、木炭和水能仍然是整个18世纪的主要能源。1800年,美国煤炭工业总产量仅为108000吨(全国煤炭协会,1985)。然而在短短的40年间,煤炭取代了木材成为美国的首要能源。

2.产业地位的上升

在19世纪早期,有几个因素导致了煤炭消费量的增长。第一个因素非常简单:自然资源的枯竭。尽管木材一直被视为工业及家庭燃料中的永续能源,但木材破天荒地出现供应减少的状况。在东部各工业州木材短缺的状况尤为明显,这样煤炭也就顺理成章地替代了木材成为主要能源。

第二个重要的因素是美国的快速工业化进程。18世纪的发明极大地促进了煤炭的转变,即从未被充分开发的能源到美国经济支柱能源的转变:詹姆斯·瓦特(James Watt)所发明的蒸汽机技术的发展;1784年亨利·科特(Henry Cort)在铸铁工艺中引进搅拌炉熟铁冶炼法;1797年威廉·默多克(William Murdock)使用煤气照明。

在我讨论瓦特发明的重大意义之前,很有必要指出这一点:蒸汽机的最初应用只是与煤炭生产直接相关(从苏格兰矿井中抽水),它对实际的采煤过程影响很小。直到19世纪末第一台煤炭切割机出现之前,煤炭一直是手工开采、手工提炼,过程相当简单。矿工们通常成对工作,在确定了含煤地层或煤层后,他们一起用镐在底部切出一块二十英尺见方的地方。术语“undercut”(底切)的意思是矿工在煤层下挖掘——他们躺在巷道或者空地的地面上。在清理出一个大约4到5英尺深的区域后,这些矿工将会在采煤工作面钻很多洞（洞的数量取决于煤的类型和煤层的尺寸）。洞里被塞进足够的炸药，煤层就会被炸开。然后矿工把煤手工装车，最后在被炸开的坑道里用坑木支顶。

对采煤过程的简要描述为我们的研究提供了两个视域：第一：采煤是一个危险的职业。在采煤过程中的大部时间里，工人们都面临着生死威胁。无论是大量煤炭的底切，还是封闭空间的爆破，或者是支护危险的巷顶，矿工都可能面临各种危险状况，为此已有数千名矿工死去。第二，尽管有人认为采煤曾经是个技术工种，但历史资料和一些亲身描述表明情况并非如此。它至多是一个半技术工种，它只是要求矿工眼疾手快，同时具备一些开采及爆破知识就可以了。19世纪后期引入了先进的采煤技术，这进一步减少了对采煤专业知识的需求。对于煤炭经营者来说，也更不畏惧矿工罢工了，他们可以用无经验的工人来替代那些捣乱分子（Nyden，1974）。因此可以说，矿工一直面临两种危险：失去生命和失去工作。

现在让我们回到对蒸汽机的讨论。虽然它对煤炭开采过程没有直接影响，但却对交通运输领域有着巨大的影响。1807年，罗伯特·富尔顿（Robert Fulton）发明的蒸汽船导致了货物水运的革命性变化，之后不久，铁路上的燃木炉也开始被更有效率的燃煤炉所替代。

铁路在煤炭工业的发展中起到了核心作用，具体有以下两个原因：第一，随着铁路系统的发展，其对煤炭的需求也迅速增加。到19世纪末，铁路系统成为烟煤的最大消费者。铁路和煤炭这两个行业构成了一对互补行业：

> 1865年，铁路显然已成为煤炭进行市场外运的最重要手段。在南北战争后的几年，煤炭成为铁路重要的收入来源，铁路线路几乎就是为了繁忙的煤炭运输而建造。直到今天，煤炭仍然是国家铁路运输的主要收入来源。（全国煤炭协会，1985，7）

第二，全国铁路系统的建立也导致了煤炭生产地区的迁移，以往煤矿多建在水路或者主要人口聚集地附近。随着铁路的发展，旧的煤田可能会被遗弃，取而代之的是过去因为交通不便而被忽略的富矿区。在19世纪，弗吉尼亚州的烟煤田和宾夕法尼亚州东部的无烟煤田这两个主要的产煤区成为了这一迁移的受害者。在弗吉尼亚州,生产面临诸多困难,这些地区属于典型的急斜煤层,开采起来成本非常高,这也导致人们不愿意继续开采,煤产量也迅速下降。1833 年弗尼吉亚州开采了 142000 吨煤炭,到 1842 年仅开采了 66000 吨(Thompson,1979,19)。宾夕法尼亚无烟煤区也经历了类似的命运(尽管铁路本身控制着这些煤田)。直到 19 世纪中叶,这些靠近东部新兴工业中心的煤矿交通也很便利,为国家提供了大部分的煤炭。但是后来,无烟煤的开采变得越来越困难,价格也越来越高,通过延伸铁路开采新煤田以延续该地区发展的办法也在经济上变得不可行。

尽管是铁路系统自身的发展导致了煤炭工业的改变,但其他的变化则是源于铁路公司政策,这种政策介入的最佳例证就是给予位于中央竞争区域的南方煤田以铁路优惠待遇。[2]克拉克·埃弗林(Clark Everling)解释说:

> 1898 年,五大湖(Great Lakes)煤炭运输总量的 86% 原产于匹兹堡地区和俄亥俄州(Ohio)。例如,西弗吉尼亚州只有区区 4 万吨,还不到总数的 1%。然而到了 1913 年,匹兹堡和俄亥俄州地区的份额下降到五大湖煤炭贸易总量的 67%,而西弗吉尼亚州的份额则上升到 23%。
>
> 这十五年的重大变化几乎全部源于铁路。然而铁路的影响不仅仅是南方煤炭不断进入北方市场这么一个简单的运力增长问题。即使有铁路的存在,若不是特别运价及铁路所给予非工会煤炭生产者的其他照顾,南方仍只是一个区域性生产中心。(1983,219)

然而煤炭和铁路行业之间的这种紧密关系并非本书的主旨,我必须指出的是,铁路对煤炭政治的涉入很深。在世纪之交,铁路就大量投资于煤炭业,自己购买了很多煤矿,以满足铁路自身的需求。在 19 世纪 70 年代,六个铁路公司获得了无烟煤煤田的垄断控制权,并竭力试图在烟煤矿获得同样的控制权(Johnson,1979)。它们这场试图对采煤业进行完全控制的战役被 1906 赫本法案阻止了,该法案禁止铁路拥有煤矿(Everling,1983,218—222)。[3]之后,铁路业领导们发现最好的赚钱办法是同当前的煤炭经营者合作。企业联盟能使大煤炭经营商通过引入优惠地区的差异运价来削弱竞争,同时把工会矿隔离开以消解矿工的组织性。总之,铁路行业现在远非一个简单的煤炭消费者,有时它已经成为能够决定煤炭行业发展方向的重要力量。

尽管科特和默多克的发明没有瓦特那么重要,但是这些创新也增加了煤炭需求。科特(Cort)的搅拌炉熟铁冶炼法用煤的衍生物焦炭替代了木炭,从而减少了对用来铸铁的铁矿石的需求。随着工业化步伐的加快,对钢铁的需求也在增加。到 1885 年,钢铁行业消耗了全国 15% 的煤炭,仅次于铁路业的 42%(The Engineering and Mining Journal,1888,16)。最后,从煤炭中所提取的用于照明的煤气已经在美国城市中得到广泛使用。到 19 世纪 60 年代初,有 400 多家煤气厂在运营,运营费用超过 5000 万美元。

在这 100 年间,美国的煤炭年产量从 1800 年的 108000 美吨爆发式增长到 1900 年的 2.5 亿美吨。自 1870 年始煤炭年产量每 10 年就会翻一番。这种翻番记录在 1900 到 1910 年间得以继续,这时国家年产量已经超出 5 亿吨,表 1 记录了烟煤产业这种迅速发展的状况。尤其是在 1840—1889 年间,发展最为迅速,这时每十年的平均年产量超出前十年平均年产量的 150%。到了 20 世纪初,美国已经超越英国成为世界煤炭第一生产大国,其煤炭产量占世界总产量的 32%。此时采煤业成为了举足轻重的大产业,行业内关系此时也发生了剧烈变化。尽管我能指出,有无数重要因素塑造了 19 世纪末的采煤业,但在这里我只阐明三点:资本集中度的提高、不断变化的矿工地位和劳资关系。

表 1　烟煤和褐煤每十年的平均年产量(1830—1985)

时间	平均年产量 (单位:百万美吨)	与前十年相比变化比率(%)
1830—1839	0.2	—
1840—1849	1.7	+ 750
1850—1859	4.5	+ 165
1860—1869	11.3	+ 151
1870—1879	30.1	+ 166
1880—1889	75.9	+ 152

续表

时间	平均年产量 (单位:百万美吨)	与前十年相比变化比率(%)
1890—1899	138.4	+82
1900—1909	302.5	+119
1910—1919	471.6	+56
1920—1929	510.2	+8
1930—1939	385.3	−25
1940—1949	554.7	+44
1950—1959	464.1	−16
1960—1969	488.9	+5
1970—1979	640.4	+31
1980—1985	837.6	+31

数据来源:1830—1976年数据来自美国内政部所属矿务局《矿业年鉴》,1977—1978年数据来自美国能源信息管理局《烟煤及褐煤生产和矿山运营》,1979—1985年数据来自美国能源信息管理局《煤炭产量(年报)和煤产量周报》。

3.大型煤炭公司

19世纪,随着煤炭需求的增加,煤炭业的权力也越来越集中于那些富有远见的资本家们所建立的大型煤炭企业中。到了19世纪中叶,煤炭已经被视为一种良好的投资品,许多东部的行业巨头已经确立了他们在煤炭业中的地位。可以说,煤田已变成了东部企业和金融机构为获取利润而掌控的经济殖民地。梅隆(Mellons)、洛克菲勒(Rockefellers)和罗斯福(Roosevelts)仅仅是精英家族中的一小部分,这些家族的财富因为不在场的煤田所有权而得以扩张。另外还有巨额国外资金流入:例如在19世纪80年代,总部设在英国的美国联合有限公司花费超过3000万美元(相当于今天的6亿美元)支持位于偏远的肯塔基州坎伯兰山口地区的米德尔斯堡镇公司的发展(Caudill,1983;Gaventa,1980)。米德尔斯堡成为了"南方的魔力之城",它的奢华酒店里不停款待着新旧两界的社会精英。但它经济上的成功只是暂时的,这个城市其他各种行业——主要包括煤炭、木材和钢铁公司——在1893

年和 1894 年都濒临破产和清算。米德尔斯堡的许多经历在阿巴拉契亚山谷的历史中具有特殊性,但可能最令人匪夷所思的是投资者并未从中获利。

许多早期的煤炭大亨都是白手起家,他们的财富主要是通过以牺牲乡村文盲居民为代价的土地投机而获得的。但采煤业的大发展则是直接源于那些有实力的实业家的涉入。这些巨头将分散的企业迅速合并为一个统一的大企业。在激烈竞争的市场中,这些外来者通过企业兼并来稳固他们的市场地位。其中最大的一个企业集团成立于 1864 年,威廉·阿斯平沃尔(William Aspinwall,巴拿马地峡铁路和太平洋邮轮公司的创始人、海洋动力煤炭公司总裁)说服一大批煤炭经营者一起组建了固本煤炭公司,该公司直到今天还是美国第二大煤炭生产商。第一届董事会所显示出的权力集中和不在场控制的取向很快就成为了企业标准。三个创始董事分别是威廉·阿斯平沃尔、纽约铁路大亨欧内斯特·康宁(Earnest Corning)、马萨诸塞州船王及林肯总统的心腹约翰·福布斯(John Forbes),其中约翰·福布斯曾经在马里兰州煤炭公司控股。此后不久,另一位出生于马萨诸塞州的实业家威廉·德拉诺(William Delano)被选为董事,他是富兰克林·德拉诺·罗斯福(Franklin Delano Roosevelt)的祖父;小罗斯福总统的父亲约翰·罗斯福(John Roosevelt)则是在 1868 年被选入董事会。这个新的联合企业产生了即刻而深远的影响:

> 随着固本煤炭公司的形成,该行业呈现出一种新的聚合性形态。不用花太多时间投入竞争,从而能够把更多时间花在组织和计划方面。由于西马里兰州煤质优良,运营状况好,这些煤炭巨头们就可以心无旁骛地专注于市场。他们投资于铁路和蒸汽船航线,以确保能把煤炭快速运到国内外消费者手中。这个已经联合起来的新兴产业,在那些具有全国及国际视野的领导们的带领下,已能够在大洋大湖上规划航点及码头了,也能够展望涉入化工和钢铁行业后的赢利前景了。如果出现了更多机会,新公司与大银行的联系也能为之提供充裕的资金保障。这些巨头们期待煤炭黄金时代的来临。(Caudill,1983,40)

这将是大势所趋:诸多单个小煤矿必然被合并为少数大公司,最终的结果就是资本的高度集中。在整个 19 世纪末和 20 世纪初,这些工业资本家都在用自己的钱购买土地、矿权以及小公司,以进一步巩固他们的行业霸主地位。

这种大资本具有一个优势,它们能够引进新的切割技术以提高生产率。1877 年 J. W. 哈尔森(J. W. Harrison)申请了第一部煤炭切割机的专利,到 1898 年主要有七个公司在生产煤炭切割机。最早的切割机有两种基本的款式:冲击式切煤机(pick machine)模仿矿工的摆动动作,但力量更大,频率更高,每分钟击打超过 200 下。链式切割机则与采煤工作面一直保持接触。从手工开采到机器切割的转变非常迅速:1891 年有 51 家公司在矿上共安装了 545 台切割机,1897 年则有 511 家煤炭公司采用了该技术,机器数量达到了 1988 台;到了 1910 年这一数字达到了 12736 台(汤普森,1979,49)。这种新的开采技术对生产的影响是巨大的。在美国劳工部 1897 年出版的《第 13 期专员年度报告》中,亚历山大·麦肯齐·汤普森(Alexander Mackenzie Thompson)报告了他在生产研究中的诸多新发现:

> 恰如预期,切割机的引入大大减少了采煤的劳动时间和劳动成本……按绝对值计算,在同一个矿井中采 100 吨烟煤所需的时间从 169.7 小时骤然下降到 26.3 小时,所需劳动力成本从 38.7 美元陡降至 6.75 美元。与手工切割相比,切割技术使采煤机的单位时间效率提升到原来的 645%,单位成本效率提升到原来的 675%。事实上这是产量的大幅度增加……
>
> (切割机)也重新定义了矿工和生产手段或者生产工具之间的关系。以前一个矿工毫不费力就可以搞到几块钱去买一个镐、铲、螺旋钻、炸药以及引信,但在 1870 年或之后再没有矿工愿意花 300 美元去购买哪怕最简单的切割机,更别说每年还需要 15—30 美元的维护费。(Thompson,1979,52,58)

换句话说,那些能够负担起这项技术成本的人,采煤就会又快又便宜,而那些负担不起的人将成为被统治者。切割机也使劳动技能发生了巨大转变。

4. 矿工地位的挑战

随着切割机和其他新技术的引进,矿工在采煤过程中也就变得没那么重要。以往尽管矿工不是一个工匠,但煤炭开采依然是一门手艺,需要一定的知识和技能。在引入煤炭切割机之前,煤矿经营者只有通过矿工才能知晓在哪儿打孔、如何放置炸药,也只有依赖矿工去执行其他各种职责任务。现在大型机械化矿井中,这些矿工只是简单地跟着切割机,每个矿工只是做一些专门而简单的操作。一组工作通常包括一个机器运转工、一个机器辅助工、一个点火工以及一群装载工。工种是根据他们和机器的关系而定义的。正如《1888伊利诺伊煤炭年度报告》所说的那样,突然间"机器成为了主人,人成为了机器的仆人"。(伊利诺伊州统计局,1888,339)

劳动技能的这种转变也是煤炭企业关系中所发生的第二个重要转变的一个方面,它也意味着工人地位的转变。尽管煤炭切割技术在进步,但采煤仍属于一个劳动密集型行业(a labor-intensive enterprise)。为了进一步扩大生产以满足需求,煤炭经营者不得不雇用更多的工人。到了1900年,从业劳动力数量已达到30至40万人。但过去的采煤技能已不再是获得这份井下工作的必要条件,只要背部好用就够了。机械化大大拓展了合格劳动力的来源。除了从当地人口中雇佣以外,煤矿经营者还开始雇用南方黑人和来自东欧及南欧的移民。这些黑人曾在烟草行业工作,但他们现在已经被机器所取代。由于劳动力供应充足,岗位技能要求低,劳动力市场竞争非常激烈,经营者对员工就会拥有强大的控制力。与他们所创造的利润相比,工人的工资水平非常低。正如美国工业委员会(The U. S Industrial Commission)在1902年所指出的那样,各种外来移民也使工会推动者难以把工人组织起来:

> 需要考虑到这一事实,这已被充分证实,唯一有能力抑制采煤业中工资下降或者迫使工资上涨的力量就是完全组织化的矿工,因此很有必要探究一下当前的族群对立是否妨碍了矿工组织化。千真万确,如果没有语言障碍、种族歧视以及宗教猜忌,把劳工组织起来就没那么

困难。

在世纪之交,各行业就业状况都不太妙,但采煤业工人所面临的困境与其他行业相比还有所不同。有近五分之四的煤矿工人居住在人口普查局所称的"偏远乡村",即人数不足 2500 人的独立社区。不仅如此,这其中大约又有一半生活在公司所有的住宅里。(Obenauer,1924)

5. 煤矿社区

M. I. A. 布尔默(M. I. A. Bulmer)对于传统煤矿社区的社会结构分析抓住了其本质,它呈现为一系列典型性特征。首要特征就是煤矿社区的物理隔离性。自然条件决定了煤矿企业的位置,这样煤矿必须在采煤点解决矿工的居住问题。"这也导致了分散化的居住模式,所有居住点在地理上都相互隔离,里面所有居民都是从城市聚居地迁移过来的。"(Bulmer,1975,85)

第二个重要特征是采煤业占据主导地位。也就是说,在煤矿社区里,采煤业是当地的支柱产业,在这里几乎没有其他的就业机会。布尔默指出:"采煤业的经济优势并不局限于开采企业……因而纯粹的资本主义煤矿社区就是一个公司城镇,公司就是一个社交聚会场所,所有重要的经济交易活动都在里面进行。"(85)这些经济交易包括房屋租赁以及货物售卖。

经济和政治冲突是煤矿社区的第三个特征,正如所料想的那样,劳资之间必然会发生冲突。从本质上来说,这是经营者利润最大化取向与矿工要求利益公平回报之间的冲突。正如布尔默写道:"在纯粹的资本主义煤矿社区,现有经济资源分配上的冲突将会导致矿工完全受制于矿主的利益,因为后者不仅支配着整个行业,还支配着煤矿社区的一切经济生活。"(87)

在公司城镇内支配的法律基础是租约。通过对诸多公司房屋租约的研究,在美国煤炭委员会 1923 年报告中,玛丽·奥本奥尔(Marie Obenauer)指出:"尽管在措辞上有所差异,但这些租约条款并没有太大不同,至多一些租约在公司权利方面规定得更明确一些,其他的则对普通租客的权利限制上着墨更多一些。"(1924,20)一个典型租约的社会控制性体现在以下三个方面:①无论何时,什么原因,只要矿工离开公司,租约将自动终止;②公司有权随时进入房屋进行检查,也有权制定和执行相关法规,以规范那些可能影响所毗邻街道和道路的行为;③工人不得在家招待或提供住宿给那些不受公司欢迎的人。

通过住房租约,经营者就可以限制工人同外界的扰乱分子接触,尤其是同工会组织的接触,这样经营者就能够合法地控制矿工。例如在西弗吉尼亚,80%的煤矿工人住在公司住宅里,工会组织者发现这样很难使矿工加入工会。当矿工有时拒绝遵守矿主的指令时,经营者一般会雇佣诸如皮克顿和鲍尔温－菲尔茨(The Pinkerton and Baldwin-Felts)这样的侦探机构去恢复煤矿社区的秩序。这种秩序恢复通常伴随着过度暴力,有时甚至会导致矿工死亡。经营者声称其目标是维持矿区的和平。鲍尔温－菲尔茨侦探社的负责人汤姆·菲尔茨(Tom Felts)承认,这些警卫的首要责任就是"保护那些反对劳工组织化的经营者"。(Collins,1911,n. p.)

6. 煤炭工联主义

认识到如下这一点也很重要:尽管我把矿工描述为劳资关系中的从属者,但这并不意味着他们是完全被动的。矿工们不断地组织起来向矿主们发起挑战,即使当他们面临严重威胁时也是如此。19世纪早期宾夕法尼亚州东部无烟煤田的工人们建立了煤矿宿舍或地方社区,19世纪60年代就出现了第一个重要的工会组织。在1861年,伊利诺伊州的烟煤工人组织成立了美国矿工协会(The American Miners' Association),1867年他们的无烟煤地区同行也创立了圣克莱尔劳动者慈善协会(The Workingmen' Benevolent Association of Saint Clair)(Aurand,1971;A. Wallace,1987)。这些工会开始也取得了一些成功,尽管这些成功没维持多久。美国矿工协会于7年后解散,但当地的许多煤矿宿舍依然存在,这也为之后新的组织——全国矿工协会提供了基础。经过连续的罢工之后,1875年劳动者慈善协会也正式停止运作。但从实际上看,当很多本地积极分子选择加入全国矿工协会时,劳动者慈善协会在一年前就已经瓦解了。到了1876年,全国矿工协会自己也被铺天盖地的组织问题所压垮。

到了19世纪80年代早期,劳工组织仍处于不稳定状态。在1883年,矿工在匹兹堡聚会,成立了美国矿工联合协会(The Amalgamated Association of Miners of the United States)。这个工会组织很快就卷入了俄亥俄州霍金谷(Hocking Valley)的一场大罢工,1885 年该组织承认失败。同年,一个新的更具持久性的组织出现。来自东部各州的矿工在印第安纳州的印第安纳波利斯聚会,成立了全国矿工和矿业劳动者联盟(The National Federation of Miners and Mine Laborers)。联盟会员要求工会官员敞开与煤炭经营者的沟通渠道,让他们参加联席会议进行工资协商。

霍金谷之类的罢工也使双方醒悟过来。经受了生死线上的折磨,矿工们依然一无所获。工资差异依然巨大,就业形势依然不稳。尽管煤田劳工运动势头得以扭转,但胜利的代价高昂。煤炭产量减少,企业管理费用提升,利润下降,这些都威胁着经营者的经济地位。通过全国性报纸的报道,公众对采煤业状况有了更多的了解,越来越多的人选择站在矿工一方,人们对这些工业资本家的愤恨情绪也在不断上升。这时劳资双方都希望这个行业能稳定下来。

1885 年 12 月,全国矿工和矿业劳动者联盟的代表以及煤炭经营者代表在匹兹堡会面。2 个月后,双方又在俄亥俄州的哥伦布市再次会面,并达成共识,签署了采煤业的第一份州际工资合同。这份合同为伊利诺伊州、印第安纳州、爱荷华州、俄亥俄州、宾夕法尼亚州以及西弗吉尼亚州确立了基本的工资结构。不仅如此,这个合同还设立了一个联合仲裁委员会来调解行业内部问题(Suffern,1915;McDonald and Lynch,1939)。随后于 1887 年和 1888 年召开第一次州际联席会议,但是参与的州越来越少。在 1889 年当经营者和矿工未能达成一致时,这种会议模式就被抛弃了。随着煤炭行业在 20 世纪 90 年代重新陷入混乱,劳资冲突也开始不断增加。

除了这三项协议所带来的短暂和平,联席会议对于一场联合工会运动的发展还有一个重要影响。随着联席会议的设立,相对于它的竞争工会——劳动骑士(The Knight of Labor),全国矿工和劳动者联盟获得了一个明显优势。劳动骑士对煤田劳工运动的介入可以追溯到 19 世纪 70 年代,但它为组织矿工而做出的努力总是被看作一个更大劳工运动的一部分。全国矿工和劳动者联盟以及煤炭经营者之间的协议也改变了劳工骑士团的战略,当感受到威胁时,劳工骑士工会马上就改变策略,其办法就是成立 135 全国工会大会(The National Trade Assembly 135)以直接满足矿工们的需求。劳工骑士也要求在联席会议中有平等的代表权,全国矿工和劳动者联盟为了各工会间的和睦最终接受了他们的请求。然而在共同出席会议后,工会间又产生了新的冲突,1888年劳工骑士又与之分道扬镳。

这次分裂后不久,全国矿工和劳动者联盟更名为全国矿工和矿业劳工进步工会(The National Progressive Union of Miners and Mine Laborers),隶属于塞缪尔·共帕斯(Samuel Gompers)的美国劳工联盟(American Federation of Labor)。1889年9月,两个矿工工会重新开始努力解决两者的分歧。到了1890年1月25日,他们一致同意终止五年之久的劳工内部冲突,双方一致认为这种冲突妨碍了矿工谈判地位的提升。就在那天,全国矿工进步工会和劳工骑士全国地区讲习会的矿工分部合并,成立了美国矿工联合会(UMWA)。该组织立刻产生了巨大影响,并最终成为全煤炭行业的主要谈判代理机构。

记住这一点是很重要的——美国矿工联合会绝不代表大多数煤矿工人,一开始也没什么重大的财政影响力。"全国进步工会(全国矿工和矿业劳工联盟)只是代表着10000名工人,那时财务账面上只有139美元。135地区工会大会也只代表着15000名工人,其中大部分在宾夕法尼亚州焦煤地区,也没有财务报告。"(McDonald and Lynch,1939,23)换句话说,UMWA被授权谈判的领导只是代表了全国总共40万名矿工的大约5%。工会会员集中在中央区域,工会的外部影响力有时也非常有限。例如,在科罗拉多州、蒙大拿州、爱达荷州以及南卡州,是矿工西部联盟(The Western Federation of Miners)把金属矿工地宿舍的矿工给组织起来了。

UMWA章程序言抓住了组织哲学的本质:

人人皆知,也都普遍相信,没有煤就不会有诸如伟大成就、荣耀和上帝保佑这些描述19世纪文明的词语。正如我们所做的那样,我们也相信正是那些每天辛苦劳作于地球深处的人,终日挖煤运煤,才使这些保佑成为可能,这些人也才有资格公平、平等地分享上帝同样的荣光。为了更好地达到我们所追求的目标,我们在此建立美国矿工联合会。通过对美国所有矿工的教育,使之明白我们一致行动的必要性,从而能

够通过法律手段,要求和拿到我们应得的劳动果实。(1890,1)

序言后设立了一系列任务来确保前述目标的完成,总共有十一项任务:第一、二、六、八、九项任务聚焦于劳工报酬公平和每日八小时工作制上;第三、四、五项任务则集中在改善工作条件,减少煤矿事故和灾难这方面;第七项则是应对矿工子女教育问题;第十项则是要求矿主禁止使用平克顿(Pinkertons)之类的侦探机构和其他护卫队;第十一项也是最终任务写道:"使用一切诚实的手段来维护我们自己和雇主之间的和睦;尽可能通过仲裁和调节来解决所有的分歧,罢工可以成为不必要的东西。"可以认为这不过是一种夸夸其谈,意在突出新兴工会的正面形象,但这一承诺也标志着工人和矿主之间劳资关系新时代的到来。虽然罢工——这往往是暴力行为——会继续,但现在显然劳资双方都期待一个更稳定的产业。

公平地说,同 19 世纪的其他工会相比,UMWA 对待劳工协商的态度是谨慎和适度的。UMWA 的第五任主席约翰·米切尔(John Mitchell)在 1902 年的无烟煤田争端中的表现就是这种适度立场的典范。赛琳娜·帕尔曼(Selig Perlman)和菲利普·塔夫脱(Philip Taft)解释道:

> 1902 年的罢工再次显现了约翰·米切尔的保守立场,他担心激起美国社会中潜在的反劳工情绪……在对公司的态度上,他表现出准备让步和欢迎仲裁的姿态,并成功地将罢工延长的责任扣在了矿主头上。他不允许烟煤矿工通过同情性罢工来打破他们的协定,虽然这样会给公众一个惊喜。这些公众从不认为工会会在任何情况下把合同义务当作它们的约束。(1935,47—48)

我对 1898 年州际联席会议的研究表明:通过与矿主维系良好的业务关系和尽量减少罢工次数,米切尔领导下的 UMWA 策略提升了矿工地位。(威特,1976)

表2　1881—1905年美国煤炭行业与其他行业罢工特征对比表

	煤炭行业	其他所有行业
每1000名工人中罢工者的数量	196	74.7
平均时间(天)*	262	161
平均规模	588	195
工会领导罢工比率(%)	54.8	69
工会罢工胜利比率(%)	20.2	49.5
非工会罢工胜利比率(%)	31.8	33.9

资料来源:美国劳动委员会:1887,1894,1901,1905;爱德华兹Edwards:1981。

*平均时间是基于劳工委员会关于"总体时间"的数据,并非指实际天数。

实际上,没有证据表明工会停工能对劳工协商产生多大的影响。从表2的数据中可以看出,相对于工会的正面态度,罢工对劳工协商常常是不利的。据美国劳工统计局统计,与其他行业相比,1881—1905年的煤炭罢工规模大,时间久,但总体成功率相对较低。因为只有20%的工会罢工是成功的,这就意味着当罢工行动失败后,矿工们常常要忍受很久的艰苦生活,最后不得不返回煤矿工作。实际上,非工会罢工往往比工会罢工更容易取得成功,也更容易实现他们的目标。

为什么美国矿工联合会的权力开始壮大?一般来说,作为主要劳工组织的美国矿工联合会的出现与工会希望稳定煤炭行业有关,一些主要的矿主也同样希望稳定,但原因有所差异。这个共同目标使州际联席会议得以恢复,这将有助于世纪之交煤田中UMWA地位的合法化。

7. 州际联席会议

州际联席会议最初是由全国矿工联盟在19世纪80年代末创立的,当时并没有对煤炭行业产生太大的影响,但是这些早期协作会议的重要性不应该被低估。首先,1886年、1887年和1888年的会议表明,来自相互竞争煤田的劳工代表和矿主们有可能走到一起并就某些基本问题达成一致,也有可能一起制定有关工资和工作条件的政策。其次,工会在协议达成之后的行动也表明：如果给予工会会员以合适的条件，工会领导就能够保证煤矿相对安宁，工人中不出现扰乱分子。

　　不幸的是，在1889年联席会议上未能达成协议，那年春季和夏季当地的罢工使劳资之间脆弱的关系变得更加紧张。在1891年新成立的美国矿工联合会试图恢复联席会议，但收效甚微。工会有着双重目标：每吨煤增加10美分工资和实现8小时工作制。随着矿主对此要求的拒绝，工会领导就号召举行大罢工。然而因为一些中央区工人不听从工会领导安排，独自与矿主达成协议，依然按照旧工资和工时工作，所以全国矿工联合会的谈判地位骤然下降。随着钱财耗尽，工会撤销了它的罢工命令，要求会员按照以前的协议重返工作岗位。罢工失败不仅使工会陷入跛脚状态，还使州际联席会议名誉扫地，这个会议在解决煤炭行业所面临的问题方面曾是一个很具影响力的论坛。

8. 煤炭的产能过剩

　　随着联席会议的消亡，煤炭行业进入了一个过度竞争和产业混乱时期。约翰·L.刘易斯(John L. Lewis)将要成为美国矿工联合会历史上最有权势的主席，他描述了1922年美国众议院劳工委员会的状况：

　　　　在19世纪80年代，烟煤的开采条件相当恶劣。因为资本投入的过度扩张以及相应带来的激烈竞争，难以维持生计的劳工工资，恶劣的工作条件，从而导致了极度的愤恨和不满。资本不愿投资该行业，因此烟煤开采在很大程度上成为了一种冒险和投机的活动。(美国众议院，1922，216)

　　19世纪90年代对劳资双方都是困难时期。美国矿工联合会无法维系同业界的工作关系，这也严重妨碍了它对矿工的组织能力。1890年能按期缴费的工会会员有20917人，到了1895年下降到了大约10000人。到了1897年，工会官方公布的正式数字只有3973人。(UMWA，1924，48)1897年，工会的经济状况也非常惨淡，无法支付其雇员工资，也难以拿出钱来开全国性会议。随着工会约束力的衰减，整个煤炭业也陷入一片混乱之中。煤炭经营者之间的恶性竞争也导致了一系列工资和煤炭价格的下降。帕尔曼（Perlman）和塔夫脱（Taft）对此解释道：

> 厚煤层开采工资从每吨65 美分降到28—30 美分，薄煤层开采工资从每吨79 美分降到47—50 美分。长期失业也加重了矿工的苦难。19世纪90 年代早期，很多斯拉夫人和意大利人替代了这些说英语的矿工，这些劳动力更廉价，这也导致经营者能够降低工资及其他标准而不受惩罚。尽管可以随意对待劳工，但这些经营者也是难以赢利。在激烈的市场竞争中，煤炭平均价格大幅下降。从1891 年到1897 年，伊利诺伊州的煤炭平均价格下降了11% ，西弗吉尼亚州的价格则下降了28%。多数经营者都处于亏损状态。（1935，20）

实际上，对于劳资双方来说，主要问题在于煤炭的产能过剩，也就是说，煤炭生产供大于求。众多因素导致了煤炭产能过剩。可用工人的增多以及新技术的引进都导致了产能增加。对于那些从煤炭新产地出发的长途货运来说，铁路运费低廉，这反过来也大大促进了煤炭的产能扩张和地区市场竞争。另外，随着季节而波动的煤炭产能需求也对此产生了影响。

产能过剩的后果是显而易见的。由于煤炭业基本上是自由发展，全国煤炭产能显然供大于求。相应地，在19 世纪90 年代仅仅因为市场饱和，单个矿、整个地区煤矿乃至全行业都数度停工。19 世纪80 年代以来，由于没有市场，煤炭业多次经历产量和收入的下降。与大众的认识相反，煤炭业停工的主要原因并非工人扰乱，而是因为外部因素，诸如铁路车皮匮乏或者煤炭市场饱和。表3 的数据显示，这种状况一直持续到1924 年。在1899—1924 年间，因为工人罢工和矿主因此停工所带来的工时损失只占总工时损失的12% 。

表3　1900—1924 年美国烟煤和无烟煤矿罢工、停工以及其他原因耗费日数统计

年份	罢工和停工耗费天数	其他原因耗费天数	总计
1900	4878102	38122000	43001002
1901	733802	43780311	44514113
1902	16672217	40635223	57307440
1903	1341031	48517726	49858757
1904	3382830	59860350	63243180
1905	796735	59267036	60063771
1906	19201348	44595142	63796490
1907	462392	52235292	52697684
1908	5449938	72731214	78181152
1909	731650	64332235	65063985
1910	19250524	44693242	63943766
1911	983737	63044708	64028445
1912	12527305	47506725	60034030
1913	3049412	49376615	52426027
1914	11013667	66242288	77255955
1915	2467431	69836505	72303936
1916	3344586	49214165	52558751
1917	2348399	40401898	42750297
1918	508526	38001284	38509810
1919	15761410	61023906	76785316
1920	5914473	55732698	61647171
1921	3106103	108332246	111428349
1922	73497043	65186691	138683734
1923	3868543	93359474	97228017
1924	5362748	84963306	90326054

数据来源:Suffern,1926,215。

　　认识到这一点也很重要:产能过剩所导致的煤炭价格下跌并没有促进消费增长。供需原则在这里并不适用,因为煤炭大客户——钢铁和铁路行

业的煤炭消费更多地取决于全国的行业活跃度,而非取决于煤炭价格。产能过剩将煤炭生产者置于非常不利的地位,煤炭的供大于求使大工业买家能够决定煤炭价格。这是一个买方市场。

9.1897年的煤炭行业大罢工

要正确看待19世纪90年代早期的产能过剩和劳工剥削的话,只需考虑一个问题:1894年煤炭行业的工人比1890年增长了52399人,煤炭产量也比那时增长了700万吨。但煤炭总产值在1894年只有1768350美元,尽管产量增加,但产值比1890年还要少。UMWA的财务秘书估算说,这上千万矿工差不多等于白干一场。(Suffern,1915,43)

> 1897年7月4日,UMWA号召举行大罢工,"以阻止正在下降的工资进一步下降,为我们争取一个足以维持生计的薪酬,使我们过上一个美国人应有的生活,以便意识到劳动至少能为我们提供必要的生活条件"。UMWA主席M. D.拉奇福德(M. D. Ratchford)把罢工描述为"被奴役人民的自发反抗"(《芝加哥先驱报》,1897年7月3日,第1版)。罢工狂潮势不可挡:在头四天,就有超过十万人加入到罢工队伍中。

除了参与人数有很大不同外,这次罢工手段也与之前的罢工有很大不同。第一,UMWA成功地吸引到了传统中心大本营之外的矿工参与。更重要的是,来自西弗吉尼亚狭地的一些矿工和其他许多来自匹兹堡地区的非组织矿工也加入到了抗议队伍。如果UMWA能劝说更多这样的非工会煤矿停工,那么矿主们除了仲裁别无选择。

第二,这些聚集在UMWA外围的劳工组织领袖也认识到罢工成功对于工会运动的重要性。1897年7月9日,塞缪尔·共帕斯发起了一场会议,以制定一个协助罢工工人的行动计划。显而易见,斗争的关键是西弗吉尼亚煤田,行动计划就由市街铁道雇员联合会(The Amalgatated Association of Street Railway Employees)的主席威廉·D.马宏(William D. Mahon)统一协调相关行动,以协助矿工把西弗吉尼亚地区组织起来。

　　西弗吉尼亚被分成三个区域，一个杰出的全国劳工领袖被派出负责一块区域，各个全国性工会最有力的组织者都冲进了这个地方。工会组织者网络遍布西弗吉尼亚煤田，尽管矿主提出增加工资和奖金，但许多矿工还是开始离开他们的工作岗位。其中在西弗吉尼亚最活跃的罢工宣传者是詹姆斯·R. 索夫林（James R. Sovereign），他是劳动骑士和尤金·V. 德布斯（Grand Master Workman of the Knights of Labor, and Eugene V. Debs）的大师级工匠。面对工人的进攻，这些公司并没有保持沉默。发言人和组织者被"赶"出公司城镇，法院开始签发强制令，禁止工会活动。（Pferlman and Taft, 1935, 22—23）

　　尽管矿主很快就设法拿到法院命令以阻止工人的组织化，但工会仍实现了其目标：不仅中央区域的煤田被 110000 名 UMWA 罢工者瘫痪掉了，而且他们还成功劝说了区域外 40000 名矿工停产停工。（Evans, 1920, 512）

　　1897 年 8 月 24 日，工会行动开始后不到两个月，来自中央区域的劳资双方代表进行了会面，但双方都坚持各自的立场，并没有达成一致意见。最主要的障碍是要等到整个中央区域的条件都改善，并且矿主承诺参加联席会议后，工会才愿意去解决问题。对矿主来说，解决问题的压力也在逐渐增大，因为公众对罢工者支持的声音越来越大。劳工的策略是强调有序行动和自我控制，即使在面对暴力时也是如此，劳工的这个策略使他们赢得了民众及重要政府官员的支持。早些时候，伊利诺伊州长曾公开支持矿工。之后的七月份，在与工会代表会面时，西弗吉尼亚州长也表达了他对矿工的同情，尽管同时他也告诉矿工他不能干预州法院对矿工活动进行限制的法律行动。8 月 24 日，与工会代表一见面，印第安纳州长不仅对工会高呼支持，还要求他的选民也来帮助罢工者。矿主不仅面临着社会大众对矿工日益增长的支持，他们也清楚如果协商拖延下去，随着秋季三个月日益增长的煤炭需求，他们也将失去一大笔收入。

　　因此，在 8 月会议上谈判破裂后不久，矿主就行动起来。他们试图绕过工会，直接在各州提起仲裁。在他们同 UMWA 协商出一个共同的工资标准之前，矿主们提出了他们自己的工资标准，并宣称要将该标准应用于煤矿工人。尽管困难不断增大,但矿工拒绝对问题进行本地化解决。在 9 月份俄亥俄州哥伦布市的一次会议上,利益双方同意在工资标准上相互妥协,建立了一个临时性的工资标准,每吨煤 65 美分,工资大约增长了 25%。(这个工资标准在 12 月份的矿工和矿主的联席会议上又被调整了。)更重要的是,矿工和矿主双方一致同意 1898 年 1 月 17 日在芝加哥举行州际联席会议,以解决无数正在威胁煤炭业发展的问题。

1897 年的煤炭大罢工彰显了组织化劳工的巨大胜利,它表明只要各个工会能一致行动,即使在困难条件下也可以取得想要的结果。工会向全国最有权势的行业之一的老板们发起挑战,他们赢了。这次胜利把 UMWA 推到了一个新的基础之上。刚发动罢工时,UMWA 财政枯竭,按期缴费的会员不足 4000 人。到了最后争端结束时,它的会员数翻了八番。UMWA 已然成为全国最重要煤田的矿工所认可的谈判机构。在 10 年内,UMWA 共计给 25 万矿工做过代理。

带着它过去从没享受过的支持,工会将要到芝加哥参加州际联席会议。但 UMWA 仍不得不从理想回归现实,这主要是出于两个原因。第一,尽管取得了大罢工的全面胜利,但它还没有实现把西弗吉尼亚矿工组织起来的目标。由于这个失败,也使这一地区的矿主们能在工作措施中利用这些非组织化煤炭矿工。第二,尽管在 1897 年罢工中,工会和煤矿管理层进行了激烈的斗争,但这两个对手显然都有着一个共同利益——双方都想使这个混乱的行业恢复秩序。如果行业秩序没有建立起来,工会也无法期望能稳定工作和工资,经营者也无法规范竞争和价格结构。因此,合作而非冲突成为1898 年州际联席会议的主题。

10. 1898 年州际联席会议

根据约定,来自伊利诺伊州、印第安纳州、俄亥俄州和宾夕法尼亚州的煤炭经营者和矿工代表在 1898 年 1 月聚会,以建立规范核心领域的标准。(尽管西弗吉尼亚州矿工们出现在会场,但他们没有被获准参加会议,因为他们所在矿的经营者拒绝出席。)令人惊讶的是,在 1898 年 1 月 26 日,经过几天的讨论,与会者就宣布达成一项协议。除了合同的具体条款外,劳资双

方在推进协作化产业发展方面达成原则性一致意见。这些原则在后来的会议上被证实确立,它们值得在此被引述下来:

第一,这一运动建立在正确经营理念、公平竞争以及公认的正义原则之上。

第二,承认雇主和雇员之间现存的契约关系,相信罢工和停工、纠纷和摩擦都能够通过州际联席会议和签署特定期限内的贸易协定而避免。

第三,承认所签署契约和协定的神圣性和约束力,并保证尊重和遵守此类契约和协定。各方自愿签署契约和协定,一方面它没有法庭约束力,另一方面它仅是经营者个体或独立法人的集合体。每个法人都有可供执行的有形资产。

第四,如果对契约和协定的背弃没有得到利益各方基于采煤业福利和公众利益而给予的认可,如果这种背弃没有得到利益各方肯定、明确和一致的同意,那么我们就应蔑视、反对和谴责任何背弃契约和协定精神以及文字的行为。

第五,签订过的契约和协定,我们自己每个人或集体无论在字面上还是在精神上都有责任以最忠诚的态度去执行它。要承诺用我们的影响力和权威去实施这些契约和协定。既然这些契约和协定的根基主要取决于双方的信任,那我们更应如此。(州际联席会议,1902,51)

在过去几十年的冲突中,劳资双方领导人在联席会议上的承诺令人眼花缭乱。双方都想让他们的委托人记住调节与合作的好处。以下这段引述取自1899年州际联合会议的会议记录,它体现了那个时代的典型说辞。"这里并非仇人搏杀的竞技场,它是那些寻求共同利益的人们的友谊会所。快乐的日子就是劳资双方能够坐到一起握手言欢。"(州际联席会议,1899,2)如果说服停止,强制就会来临。例如,可以看一下UMWA主席M. D. 拉奇福德在1898年工会会议上所说的这段话:

任何给联席会议使绊子的人都不配坐在矿工或经营者的协商会场

中,那是对成千上万个男人、女人以及儿童的犯罪。这些人过得是否舒适很大程度上取决于联席会议是否圆满。(UMWA,1898,7)

显然,煤炭行业已经进入了一个新时代,这是一个强调冲突双方携手合作的时代。它是一种伙伴关系,在这种关系中,双方都期待能提升各自的地位,但同时也认识到只有做出一定自我牺牲才能确保持续的和谐。

对于 UMWA 来说,1898 年的协定意味着其地位得到了中央煤田煤炭经营者的正式承认,在矿工眼里这是一个有助于工会合法化的行动。进入 20世纪后,工会会员数量的增长速度前所未有。对于工人来说,更重要的是经营者在工资方面所做出的让步。1898 年的协议也标志着矿工的报酬开始稳步攀升,这一增长一直持续到 20 世纪 20 年代末期(见表 4)。联席会议还为矿工设立了每日工资标准和吨煤工资标准(两者在各区之间有一定的不同,原因后面马上就会讨论到)。此外,中央煤田的矿工只需工作八小时。

工会为进步牺牲了什么?那就是在会议原则引述中所出现的两个最重要的妥协。第一,UMWA"承认契约的神圣性和约束力"和"承诺尊重和遵守合同"。第二,工会认为罢工是不可取的,它将"蔑视、劝阻、谴责任何违背协议的精神和文字的行为"。换句话说,工会将保证它的成员将遵守契约,并且如果有必要,工会将采取行动制止那些唱反调者。在某种程度上,UMWA承诺成为并且已经成为中央煤田的警卫机构。因为 UMWA 领导人拒绝支持绝大多数的工人自发性罢工,还经常积极地去打压领导那类罢工的个人。随着时间推进,UMWA 的权力结构也愈加集中和专断。当地需要服从于所谓的行业需要也成为了一条法则。

这很难判断:究竟是工会领导陷入到以自身谈判地位的妥协为代价的一种关系中,还是说这是它考虑到行业状况而做出的最佳安排?一方面,对与经营者的关系过于紧密,工会普通成员多次表达了他们的不满。例如,在1911 年工会的年度会议上,矿工们就向 UMWA 主席约翰·米切尔发起突然袭击,指责他在与经营者的协商中态度过于温和。(UMWA,1911,519—558)许多激进的组织者离开了工会,对工会的保守态度不再抱有幻想。另一方面,UMWA 的权力基本局限在中央煤田。随着对西弗吉尼亚煤矿的控制以及南方煤田的出现,煤炭矿主在罢工危机时有了更多优势。如果经营者因为劳工的过度要求而被迫开发这些外部煤田,那么工会就可能失去它曾得到的让步。

对于经营者来说,联席会议协定的一个关键方面就是"平等竞争"原则。理论上,这个概念意味着州际会议将把中央煤田所有方面的工资和条件都给固定下来,以便允许每个经营者去开展业务。更具体地说:

> 平等竞争意味着工资固定,因为每个基准点都要求必须如此:在不同基准点上支付工资的经营者能够相互竞争。

> 它进一步意味着如果平等竞争的概念能被科学应用到基准点之外的采煤中心区域的话,那么每个区、分区乃至每个矿都必须调整工资以便每个经营者能与市场中的其他经营者展开有效竞争。

> 它也意味着,在固定这些工资过程中,每一个造成煤炭生产及市场运输成本差异的因素都必须被考虑进去。因此,不同地区甚至常常是不同矿之间的煤层厚度的差异,巷顶、煤杂质、水及其他因素的差异都必须要考虑进去。

> 它也意味着要考虑到不同煤矿与市场距离的差异以及相应的长途运费的差异。

> 它最终意味着在那些运煤困难的矿区以及位置不好、运费高昂的矿区工作的矿工将要接受的工资。这个工资不是基于能源扩张,也不是基于他们的工友在其他地方干同样的工作所拿到的工资,而是基于经营者的支付能力及把煤炭运到市场的能力。(Lubin,1924,72—73)

表4　1896—1920 年采煤业特征

年份	雇佣人数	内部日薪	每日工作时间	吨煤工资 a	产量
1896	393162	$1.77	10	$0.43	191986000
1897	397701	1.65	10	0.4	200229000
1898	401221	1.75	8	0.66	219976000
1899	410635	1.75	8	0.66	253741000
1900	448581	2.1	8	0.8	269684000

续表

年份	雇佣人数	内部日薪	每日工作时间	吨煤工资 a	产量
1901	485544	2.1	8	0.8	293300000
1902	518197	2.1	8	0.8	301590000
1903	566260	2.56	8	0.9	357356000
1904	593693	2.42	8	0.85	351816000
1905	626035	2.42	8	0.85	392723000
1906	640780	2.56	8	0.9	414157000
1907	680492	2.56	8	0.9	480363000
1908	690438	2.56	8	0.64	415843000
1909	666555	2.56	8	0.64	460815000
1910	725030	2.7	8	0.67	501596000
1911	728348	2.7	8	0.67	496221000
1912	722662	2.84	8	0.71	534467000
1913	747644	2.84	8	0.71	570048000
1914	763185	2.84	8	0.68	513525000
1915	734008	2.84	8	0.68	531619000
1916	720971	2.98	8	0.68	590098000
1917	757317	3.6	8	0.77	651402000
1918	762426	5	8	0.88	678212000
1919	776569	5.7	8	0.99	553952000
1920	784621	7.5	8	1.12	658265000

数据来源:1898—1920 州际联席会议;美国矿务局,1931,2。

注释:工资数据是州际联合会议所提供的中央竞争煤田的数据。

a:1896 至 1913 年吨煤工资率主要基于筛过的煤——就是说,只有过筛后的煤,工人才能拿到工资,而筛洞的大小则由合同规定好。1913 年后,所有开采的煤矿工都能拿到工资。

平等竞争对州际联席会议成功的重要性也不要被过于夸大。从一开始,联合会的倡议者就知道,为了在这个行业内建立持久的和平,他们必须得到多数煤炭经营者的支持。主要的关注点是:在煤炭需求低迷时,独立经营者将会通过降低工资水平以降低煤炭的生产成本和市场价格。显然,如果允许这种情况发生，那么受合同约束的生产者将处于严重的劣势地位。因此，平等竞争的原则旨在向矿主保证，如果他们的利益没有增加的话，他们的个人利益都将受到协议的保护。UMWA 接受这个协议旨在向经营者表示：工会是愿意迁就的，甚至说在某种情况下为了普遍利益而不惜牺牲会员利益。

　　从程序上说，根据联席会议所确定的原则，涉及工资差异的决策是在地区层面上做出的。但这个工资立即受到一群来自伊利诺伊州的经营者的挑战。在新的工资生效那一天，芝加哥维尔登（Chicago-Virden）煤炭公司停产停工，它宣称负担不起新的工资费用。此前的 1896 年 7 月和 8 月，该公司已经同意把工资问题提交给国家仲裁委员会，这两次仲裁委员会都支持工会并且要求经营者遵守其决定。之后芝加哥维尔登煤炭公司拒绝遵守该决定，继续要求工人停工。与此同时，伊利诺伊州的另一家公司，帕纳（Pana）公司，拒绝与工会进行谈判，并且开始从南方进口黑人以顶替罢工者，同时聘请武装警卫，这种做法很快被芝加哥维尔登煤炭公司所效仿。[4]

　　因为帕纳罢工破坏者同罢工者发生了武装冲突，到了九月下旬双方敌意剧增。为了平息骚乱，伊利诺伊州长唐纳（Tanner）派出部队去恢复秩序，但他特别吩咐民兵要保持中立，切不可帮助矿主。到了 10 月，一个重大事故的发生最终导致芝加哥维尔登公司终止停工。据说有一车全副武装的黑人罢工破坏者正在赶过来，矿工们于是聚集起来阻止这些罢工破坏者在维尔登下车。当火车开近的时候，一群武装警卫冲出车厢，准备伏击站在轨道旁边的罢工者。一阵交火后，有 14 人死亡，其中包括 8 名矿工，另有 22 人受伤。（Chicago Times-Herald，October 13,1898,1）

　　州长唐纳对芝加哥维尔登煤炭公司的行为非常愤怒，并立即派出民兵平息矿工和罢工破坏者之间任何进一步的暴动。州长将其归为"刑事类"犯罪。州长唐纳公开抨击该公司，称它：

　　　　一个国际歹徒派侦探潜入阿拉巴马州，用一些虚假报告欺骗黑人来到伊利诺伊，像牛一样把他们装在火车上，锁上车门，像对待家畜一样对待他们，并且从侦探社购买武装警卫，非法侵入本州。（Chicago Record,Ocotober 14,1898,1）

1898 年 11 月 15 日,芝加哥维尔登煤炭公司同意遵守州际联席会议协定所规定的部分条件。帕纳公司继续停工,但是到了 1899 年 10 月 10 日(将近一年之后),这些经营者也承认失败并同意遵守既定的条款。

伊利诺伊州的冲突也有助于向怀疑者解释新行业协议的力量。第一,在这场争端中,其他煤炭公司并不支持芝加哥维尔登和帕纳公司。这就向煤炭经营者传递了一个清晰的信号:违背平等竞争原则的经营者会茕茕孑立。第二,UMWA 证明了它能够有效地对付那些拒绝遵守州际协议的经营者。第三,独立的经营者意识到不能再像过去那样依靠当地政府官员来帮助他们镇压矿工,这已经是过去的惯例,并且这些官员将不再无视煤炭公司的暴力行为。

就这样,州际联席会议通过了它的第一次大考。自 1898 年以后,州际会议每年都要举办,一直持续到 1906 年,之后则是定期举办。虽然在煤炭行业中仍有一些劳资冲突,但进步已然形成。在 1898 年会议之后的 10 年中,经营者享有一个相对稳定的价格结构,产量显著增加(见表 4)。二十世纪之初,人们对 UMWA 的认可度也进一步增强,其会员数也在不断增长,在 UM-WA 的努力下,工人的工资也得以持续增长。但有一个直接影响矿工的核心问题仍未得到解决,那就是惊人的矿工伤亡率。

第三章
1900—1910：进步主义十年与第一部象征性法案

1900 年，一本全国性杂志《矿山和矿产》(Mines and Mineral)刊出了矿山检查员托马斯·K. 亚当斯(Thomas K. Adams)的一次报告。他在 6 月被派往西宾夕法尼亚中央煤田。他在报告中指出煤矿事故在上升，同时审视了州采矿法规实施中业已存在的一些问题。他也暗示在煤矿和政府层面上都面临着向法律妥协的压力。亚当斯的评论给了我们一个观察世纪之交健康和安全立法政治学的视角，也为本章提供了一个很好的开头：

> 这些惨痛的矿难频频使我们震惊，上百条鲜活的生命瞬间消失，后果极其可怕。实际上，公众的美好情感也被这频繁发生的矿难震碎，近乎麻木，而那些无论如何都应为这些悲痛事件负责的人却把良知抛之脑后。在这些矿难中，和以往一样，我们会收获一大堆道歉，也会看到一堆全副武装的救援者，就像无数条老蝗虫一样在事故现场蠕动，为我们带来了包治百病的万能良药。这些人最擅长的就是找到各种说辞，为那些理应对事故负责的人开脱责任。他们将会告诉你在对自然矿藏的开采中有很多难解之谜，聪明如所罗门者也难以洞察其中的奥妙，这些煤矿爆炸是不可避免的，是与采煤业共生的天然伴生物。当然这是一派胡言，但依然到处有人被骗。这些可怕矿难中的人有多痛，这些家庭同时就有多痛。然而这些事故所带来的可怕社会影响很快就悄无声息了，这时我们只会数一下这个事故死了多少人，那个事故亡了多少人，看看这接二连三的事故究竟是何原因，并以此来逃避公众的注意或怜悯。(Adams, 1900, 53)

亚当斯在这段话中的评论可谓是一语中的。首先，在这个世纪之交，公众无疑对矿难有了越来越多的了解。从 19 世纪 80 年代到 90 年代，矿难数量有了很大增长(见表5),这种增长不去注意也难。但不幸的是,与接下来的十年相较,19世纪90年代的矿难简直就是小巫见大巫,难以与之比肩。

亚当斯话语中的第二个要点是:尽管矿难带来的死难受到了公众注意,但它只是煤矿总死亡数的一小部分。例如,1899年,有65名矿工死于5起矿难,但那一年矿工的死亡总数达到了1217人。矿难仅仅是观察煤炭行业死亡率增加的其中一个维度。在1910年国会听证会上的数据明确记录了19世纪后期和20世纪早期煤矿死亡率的急剧增长过程。在19世纪最后4年,煤矿的平均年死亡人数是1071人,仅有6.6%与矿难有关;而20世纪的前8年,年平均死亡人数是2048人,有17.1%的死亡与煤矿重大事故相关。

表6是美国与比利时、英国以及德国的矿工千人死亡率对比。显然可以看出两点:第一,美国煤炭业的死亡率一直要高于这些欧洲国家(除去19世纪后期的德国)。第二,在所调查的这个时间段,虽然其他三个欧洲国家的死亡率一直在下降,但美国的死亡率却有显著增加。例如,德国的千人死亡率从1898年的2.86%下降到1908年的1.71%,而美国同时期的千人死亡率则从2.59%上升到3.64%。换一种表述:德国每少死一个矿工,美国就会多"杀死"一个矿工。

人们不禁要问,同样是产煤国家,为什么欧洲的国家能够一边降低矿工死亡率,一边提升煤炭产量以满足不断增长的工业需求,而美国的矿工死亡率却居高不下?有两个因素可以解释这种情况:工会成立过早和国家煤矿安全立法过早。为了诠释这一点,让我们简要地看一下英国的情况。

表5 美国重大矿难和重要立法(1878—1977)

年份	矿难数	死亡人数	年份	矿难数	死亡人数	年份	矿难数	死亡人数
1878	2	13	1911	17	426	1944	4	94
1879	2	11	1912	13	254	1945	5	69
1880	2	11	1913	8	467	1946	2	27
1881	2	44	1914	11	316	1947c	6	179
1882	2	37	1915	11	265	1948	5	49
1883	2	79	1916	11	159	1949	0	0
1884	5	211	1917	11	275	1950	0	0
1885	4	52	1918	4	54	1951	5	157

续表

年份	矿难数	死亡人数	年份	矿难数	死亡人数	年份	矿难数	死亡人数
1886	6	84	1919	10	207	1952d	2	11
1887	3	28	1920	9	66	1953	1	5
1888	3	81	1921	6	40	1954	1	16
1889	2	20	1922	14	287	1955	0	0
1890	5	78	1923	11	301	1956	0	0
1891	5	148	1924	10	461	1957	5	64
1892	4	170	1925	15	276	1958	3	42
1893	6	62	1926	16	348	1959	2	21
1894	6	78	1927	9	162	1960	1	18
1895	8	193	1928	14	326	1961	1	22
1896	5	133	1929	7	151	1962	2	48
1897	7	52	1930	12	225	1963	2	31
1898	5	34	1931	6	56	1964	0	0
1899	5	65	1932	6	145	1965	3	21
1900	6	295	1933	1	7	1966e	2	12
1901	10	138	1934	2	22	1967	2	0
1902	12	406	1935	4	35	1968	2	87
1903	8	227	1936	5	37	1969f	0	0
1904	11	272	1937	6	101	1970	1	38
1905	18	309	1938	6	84	1971	0	0
1906	17	236	1939	1	28	1972	2	14
1907	18	920	1940	6	276	1973	0	0
1908	12	356	1941b	8	73	1974	0	0
1909	20	506	1942	7	132	1975	0	0
1910a	19	486	1943	8	174	1976	1	26
						1977g	1	9

数据来源:美国内务部、矿务局以及矿业执法安全管理局官方数据。

a 1910 联邦矿业安全法
b 1941 联邦矿业安全法
c 1947 联邦矿业安全法典
d 1952 联邦煤矿安全法
e 1966 联邦煤矿安全法修正案
f 1969 联邦煤矿健康和安全法
g 1977 联邦煤矿安全法修正案

表 6 美国和部分欧洲国家死亡率对比(1896—1908)

年份	美国	比利时	英国	德国
1896	2.79	1.16	1.48	2.58
1897	2.34	1.03	1.34	2.35
1898	2.59	0.97	1.28	2.86
1899	2.98	1.05	1.26	2.31
1900	3.24	1.16	1.3	2.24
1901	3.24	1.07	1.36	2.34
1902	3.49	1.14	1.24	1.99
1903	3.14	0.93	1.27	1.92
1904	3.38	0.91	1.24	1.8
1905	3.53	0.9	1.35	1.79
1906	3.43	0.92	1.29	1.76
1907	3.76	0.91	1.27	1.74
1908	3.64	0.88	1.24	1.71

数据来源:统计于众议院听证会数据(美国国会,1910b,6039)。
注:矿工千人死亡率

1.英国经验

英国专门为采矿业起草的第一项重要立法是 1769 年故意伤害法。这项法规的标题会使人对其法规内容产生误解,因为它的重点不是保护矿工免于伤害,而是惩罚那些破坏机器或偷煤的工人。英国煤炭业的工会运动比美国开展的早得多,当然它们被打压的也早得多。十八世纪中期,在其他行业工人的带动下,矿工也开始组织起来,试图改善工作条件。然而在工人们成功建立起常设组织之前,政府通过一系列法律手腕宣布工联主义违法。

1799 年的联合法(The Combination Laws)宣布英国境内所有的工会组织是非法组织,工会成员是刑事罪犯。1799 法案的打压措施被延用到来年的 1800 联合法,后者规定以下行为为非法:①参加要求涨工资和缩短工时的工人联合组织;②劝说其他工人辞去他们的工作;③参加以结盟为目的的集会;④向任何不愿参加此类行动者召集罢工或防御基金。

英国对工会运动的镇压持续了约25年,直到1824年至1825年一批议会法案的通过才宣告结束,这些议会法案废除了联合法和其他禁止工联主义的立法。这些议会法案的通过反映了矿主为稳定行业而愿意做出部分妥协,他们要努力确保能为迅速增长的工业经济提供足够的煤炭资源。

尽管之后工会出现在各地煤田,但英国采煤人口的工作条件和生活方式起初并没有明显改善。然而随着19世纪30年代后期和40年代早期工人抗议的逐步升级,政府开始扮演调节者的角色,它平息劳资冲突的主要工具是皇家委员会。正如美国案例(马上会讨论到)所显示的那样,影响政府涉入的主要因素与当时要求煤炭优先供应的经济状况有关。

在英国,有几个主要的发展变化。首先,钢铁行业的生产力随着热风技术的引进而得以大大提高,而热风技术则依赖于煤炭。其次,在轮船、小船和驳船的建造中使用钢铁是经济可行的。蒸汽机交通因此得以推广。在1830至1850年间,英国大约有二百多艘燃煤铁船下水。最后,随着英国工业的大发展,公共铁路系统也发展迅速。1844至1846年间议会批准了180138901英镑的投资以促进铁路发展。(加洛韦,1971,4)

煤炭工业也在增长。由于铁路的发展,那些曾经被认为无法进入的地区,现在也可以开设新煤田了。为了满足每年增长的煤炭需求,旧矿又重新开张,现存矿进一步深采。然而随着产量增加,职业死亡数也在增加。随着煤矿开始进入深层煤和含气煤层的开采,矿难数也开始上升,尤其是英格兰东北部煤田。东北部的圣希尔达矿(Saint Hilda mine)的爆炸使52名工人遇难,人们认为是这次爆炸促使了第一部旨在改善煤矿安全条件的法案的诞生,该法案在1842年通过。

1842年法案是19世纪英国通过的11部重要煤炭法律中的第一部。1850年通过了第一部规范煤矿检查的法律,该法律在之后的50年中被多次修订。这样可以说英国的矿工比他们的美国同行更早地通过立法解决他们的不满,包括在工会组织和安全问题上都是如此。

理论上,这些法律代表了英国政府对解决矿工问题的庄严承诺,但事实上,这些立法对当前劳工关系的改变微乎其微,特别是在19世纪70年代以前。马克思对这些最早的法案及其影响有过详尽的评述,这段评述在皇家

委员会的报告中被详细记录下来①:

> 1840 年调查委员会揭露了骇人听闻、令人愤慨的事实,这在整个欧洲成为一桩如此大的丑闻,以致议会为了拯救自己的良心,不得不通过了 1842 年的矿业法,这项法律仅限于禁止使用妇女和 10 岁以下的儿童从事井下劳动……
>
> 虽然 1842 年以来已经不在井下使用女工,但是她们仍被用来在井上装卸煤炭等物,把煤桶拉到运河边和火车旁,选煤等。最近 3—4 年使用的女工大有增加。
>
> 另一个法案是 1860 年制定的矿山视察法,规定矿山要受专门任命的国家官员的检查,不许雇佣 10—12 岁的儿童,除非他们持有学校的证明或者按一定的时数上学。由于任命的视察员少得可笑,职权又很小,加上其他一些下面将要详细叙述的原因,这项法令仍完全是一纸空文……②
>
> 1865 年大不列颠有 3217 个煤矿和 12 名视察员,约克郡的一个矿主(1867 年 1 月 26 日《泰晤士报》报道)自己曾计算过,撇开视察员的纯事务性工作(而这就占了他们的全部时间)不说,每个矿山每 10 年才能被视察一次。无怪乎近十年来③惨祸发生的次数越来越多,规模越来越大(有时一次竟丧生 200—300 名工人)……
>
> 最后,马克思对 1866 年皇家委员会所使用的程序方法进行了评论,询问证人的方式使人想起英国法庭的反问法,就是律师乱七八糟地提出各种无耻的模棱两可的问题,力图弄得证人糊里糊涂,然后对他的话加以歪曲。在这个调查中,委员会成员自己成为了反问者,其中有矿主和矿山经营者,证人是矿工,大部分是煤矿工人。这套滑稽戏最能说明

---

① 本段内容可参见《资本论》(第一卷),人民出版社,2004 年,第 569~576 页。此处马克思话语为摘选,但内容段落顺序与中译本顺序有所不同。——译者注

② 此段落在资本论中译本中位于本段引述第一段落之后,第二段落之前。参见《资本论》(第一卷),2004 年,第 569 页。——译者注

③ 《资本论》中译本为"无怪乎近几年来(特别是 1866 年和 1867 年)",参见《资本论》(第一卷),2004 年,第 576 页。——译者注

资本的精神了。①（Marx，1869，494—503）

马克思把矿工利益放进了他的观察视角中。无疑,煤矿取得了一些进步,19 世纪逐年下降的死亡率就是明证。工人被允许组织起来,但这并不意味着工会在煤田的地位很稳固。例如,第一个全国性工会大不列颠及北爱尔兰矿工联合会就因为财政问题在 1848 年倒掉了,自它成立仅仅存在了六年时间。英国和欧洲矿工相对于美国矿工的真正优势在于提前半个世纪把问题摆上了台面。

马克思这段话要表达的一个关键点是:矿山经营者对法律制定以及接受工人投诉的委员会有着很大的影响。另一点是法律实际上并没有缓解这些它要解决的社会问题。马克思用"一纸空文"(dead letter)这个术语来描述这些法律,因为政府很少为实施这些法规进行过任何努力(只是看到了一小部分被雇用的视察员来执行常规职能)。我用"形同虚设的法律"(dead law)这个术语作为标题也表达了同样的意思。

2. 美国的立法斗争

虽然美国矿工在南北战争开始前就对煤矿安全立法进行过游说,但是他们的请求都被当作耳旁风。国会在 1865 年开始处理这个议题,但设立联邦矿务局的提议却从未付诸行动。联邦按兵不动有几个原因:首先涉及的是州主权原则。虽然内战极大地改变了联邦政府的角色,但可以肯定地说,此时大多数民众对一个强大的集权化联邦政府的态度仍是奉行"小政府"原则,认为管得最少的政府才是最好的政府。大多数情况下,州都可以自主处理州内的煤炭事务,对它们权限范围内的行政事务负责,丝毫不受来自华盛顿联邦政府的干涉。诸如宾夕法尼亚等几个州为解决煤矿问题颁布了强硬的法律,设立了相关机构以使矿工得到安全的工作条件。(Hawley,1976,151—160)但 19 世纪末标志着一个前所未有的工业发展时期的到来,这种

---

①　《资本论》中译本此段落顺序上在本书此处引述的第三段落之后。参见《资本论》(第一卷),2004 年,第 569 页。——译者注

大规模经济要求更大的协调性,从而需要一个更加集权化和干预性的政府。

其次,相对于煤矿每天发生的很多零星死亡事故,在某种程度上公众更关注那些大矿难。煤矿业的经常性死亡,与其他行业(像铁路,每发生一起事故都会引起全国的关注)相比采煤业本身具有致死性,这一潜在特征意味着几乎没有人意识到采煤业是全国最危险的职业。法律制定者只想首先解决那些看得见的问题,因为这些问题公众能看得到。1900 年在 UMWA 的杂志上刊出的一篇文章就对公众的这种冷漠发出了哀叹:

> 在这个国家,与不断增长的矿难数相关联的一个另人震惊和恐慌的事情是人们对这些受影响群体的冷漠无情。相较于纯粹的人类日常活动中的事故,老百姓更愿意看那些可怕的爆炸性死亡事故,这时他们的冷漠似乎不见了,热情变得不可阻挡。每天的报纸也只是简单记录一下事件的事实,在发出一通例行的同情之后,就把这个话题弃置一旁,没有去呼吁改善条件,也没有调查和采取其他任何感兴趣的作为。并且公众被教导说,这是天降祸福。为了寻找财富,这些矿工命中注定要进入黑暗阴郁的地球深处。这样整个事件就从人们的视野中消失了。(Graebner,1976,14)

随着旨在限制美国境内采矿申请的安全立法的通过,1891 年联邦政府最终直接涉入到矿山立法。然而联邦政府这次并没有干预现有的州项目。(美国国会,1902,1128—1129)

3.导致第一部法案诞生的因素

美国的煤炭立法运动可以归因于诸多因素,这些因素同之前所讨论的英国的情况类似。首先,美国煤炭工业享受了一个很长的增长期。1910 年煤炭消耗量是 1890 年的三倍（从 1890 年的 4062 万亿 BTU[①] 到 1910 年的 12714 万亿 BTU）。烟煤产量自 1840 年以来，大约每十年就翻一番。到了 1910 年，煤炭占了美国燃料总消耗的 76.8%（Gordon，1978，23）。美国经济依赖于煤炭的稳定供应（见表 1）。但工人们并没有从这个大好经济形势中获益。尽管时薪在涨，但某些地区的矿工经常发现自己没有稳定工作可做。

其次，人们对待政府干预和经济规制的态度正在转变：

> 企业联合、农业合作以及工会实际上形成了私营部门中的若干监管趋势，每一个形态都扎根于过去，但现在又被赋予了新的意义。它们涉入或直接提出发挥政府规制作用的建议，因为这是市场竞争领域的一个基本原则——相比以往现在更是如此——规制机构不能安睡在私人手中而政府当局置身事外。（Sklar，1988，17）

一些观察家已经用"企业自由主义"运动来表达这种变化，在世纪之交工业资本家掀起一股支持社会福利措施的风潮。很难确定在多大程度上这是资本企图平息社会主义者在工人中不断扩大的影响，但无疑可以肯定的是，在二十世纪的头十年，社会主义劳工改革派无论对矿主还是对那些煤炭业中更保守的工会领导人都形成了一种威胁。

与此同时，那些主张需要更密切劳资关系的组织开始出现，可能最著名的就是全国公民联盟（The National Civic Federation，简写为 NCF），这个由一群来自劳资双方的领导人所组成的组织成立于 1900 年。NCF 的第一任主席是马克·汉纳（Mark Hanna），一个来自俄亥俄州的矿业巨头。他是这群工业资本家之一，他们相信那些"保守"的工会在美国经济发展中发挥着重要作用。这与塞缪尔·共帕斯和约翰·米切尔的工会哲学非常契合，他们两人也都加入了 NCF。这个联盟最重要的作用是劳资双方都把劳工协定当作实现他们各自目标的一个工具。

---

① BTU 是 British Thermal Unit 的缩写，英国热量单位。1BTU 约等于 251.9958 卡路里（calorie）/0.293 瓦特时（watt-hour）/1.055 千焦（killojoule）。1Btu 就是将 1 磅水的温度升高 1 华氏度所需要的热量。——译者注

这种转变可能会被描述成"企业自由主义浮现"，但实质上这种集体谈判协议往往会限制劳工的选择：

> NFC 聚焦于集体谈判，这好像反映了劳资双方的平等关系，但实际上它更偏重于资方的潜在权力平衡。从企业的角度来看，聚焦于集体谈判能够将工人的需求缩小到一个可控水平。它所蕴含的潜在含义是以牺牲工人中的社会主义者为代价来满足大多数工人。（Domhoff，1990，73）

值得一提的是，尽管劳资关系正在发生变化，但联邦法院仍不时打击工会，使其地位日益边缘化。克里斯托弗·汤姆林斯（Christopher Tomlins）指出，这种反工会的偏见反映了一系列问题：

> 二十世纪早期的最高法院判决——洛伊诉劳勒案（Loewe v. Lawlor，1908）、阿代尔（Adair）诉合众国案（1908）、共帕斯诉巴克炉灶公司（Buck's Stove and Range Company）案（1911）、柯皮奇（coppage）诉堪萨斯案（1915）——谴责工会侵犯了企业权利，并且驳回了企图批准工会成为合法谈判谈判机构的法案。（1986，30）

尽管有这种司法偏见，但企业部门一般仍表现出更为积极的态度。煤炭经营者对待规制的立场很好地诠释了这一转变。在世纪之交前后，由于对先前规制的强烈反对，他们已经预先阻止了政府干预。现在他们公开承认矿山存在问题，并且倡导进行安全立法。对稳定性劳动力的需要是影响这种转变的一个重要因素。另一个因素是煤炭经营者认识到，通过规避当前的州安全法案，联邦规制能够服务于他们的利益，这是因为州法案常常与日益扩大的全国市场相矛盾。（Graebner，1976，170）

以行业的资金实力为后盾且最具影响力的经营者组织是美国矿业大会（AMC），早在 1897 年他们就制定了煤矿安全的全面计划，为了进行联邦立法和设立一个矿务局，他们到处游说。这些经营者这样做并非为了煤炭安全，他们更关心的是矿务局在矿产资源的勘探和生产等方面能否提供帮助。

AMC 主席 J. H. 理查兹(J. H. Richards)在 1904 年的一段陈述中就表达了经营者的这种行为意涵：

> 因此我们确信,如果一个矿山和矿业部门能通过科学调查和正式行动为我们的矿业产品拓展市场,如果它能以实际行动对探矿者和矿工播撒有用的科学信息,如果它能提供物美价廉设备,供他们分拣和检测这个广袤采矿区中所发现的矿物,如果通过修改、简化和统一的矿业法律制度和为了矿工、投资者以及公众利益而对煤业公司明智的控制,它能减少采煤业无论作为一个职业还是一项投资所被人诟病的虚假和投机成分……显然对所有人来说,这些成就将会创造出一个新的氛围、新的希望。这种氛围和希望不仅存在于矿业世界,它还将影响到商业和工业世界,每一条铁路、每一间办公室、每一个银行、每一个工厂以及每一个农场都会受到激励并从中受益。(Graebner,1976,26)

让我们来回顾下国会授予矿务局权力的性质和范围,以此来看这些煤炭经营者的游说有多么成功。

20 世纪前十年的政治局势一直复杂多变。西奥多·罗斯福(Theodore Roosevelt)和威廉·霍华德·塔夫脱(William Howard Taft)在他们自己的右翼阵营中属于具有进步倾向的总统,他们的政治议程也反映了他们的这一倾向。例如,在塔夫脱政府期间,通过了众多的改革措施:联邦雇员八小时工作制,建立联邦儿童局,公司净收入的联邦税,所得税修正案以及曼－埃尔金斯法案。最值得关注的是,在塔夫脱在任期间通过了铁路安全法以及第一部煤炭安全法。但在他的任职末期,他自己不得不来对付那些"分离运动",这是一种乡村视野的、反城市的、更具传统色彩的进步主义运动(Holt,1967)。总而言之,显然这是美国历史中的一个大变革时代,煤矿安全法案也显然是进步时期的一个产物。

然而对联邦安全法案最大的刺激是矿难数量的急剧增加,它使以前这个无人知晓的行业进入了公众视野中。然而对联邦矿山安全法最强烈的刺激是矿难的迅速增加,包括把未公开的行业引入到公众视线中。在 1910 年第一部联邦矿山安全法诞生之前的五年中,共发生了 85 起重大矿难,造成

2640 人死亡,从 1905 年到 1909 年,事故死亡人数总共是 12664 人。卡尔顿·杰克逊(Carlton Jackson)写道:

迄今为止,采煤业最糟糕的年份是 1907 年。基于种种原因,有超过 3000 人遇难(8 起爆炸事故造成 1148 名矿工死亡)。单在这一年的最后一个月,"官方"数据显示有 702 名矿工死于爆炸,达到了可怕的历史高点:两起发生于宾夕法尼亚,西弗吉尼亚州,阿拉巴马州、新墨西哥地区各一起。"非官方"数据显示至少一半以上死于各种事故,但这个事实却被公司和政府官员所掩盖了。究竟有多少人死于这些爆炸事故,到今天仍然争论不休。1907 年 12 月,在美国煤矿开采历史上是个"可怕的月份"。(1982,3)

1907 年 12 月 6 日,在西弗吉尼亚州费尔蒙特(Fairmont)莫蒙加煤矿(Monongah Mines)6 号矿井和 8 号煤井发生了全国最严重的矿难。

4. 莫蒙加(Monongah)火灾和死亡

官方记录显示,有 361 名矿工在莫蒙加矿难中遇难。这座固本煤炭公司所有、费尔蒙煤炭公司经营的煤矿爆炸只有一名幸存者——皮特·阿本(Peter Urban),一名罗马尼亚移民。(令人惊讶的是,阿本烧伤后只躺了三个月就重返矿井继续工作了,一直到 1926 年死于塌方。)这起矿难使 196 名妇女失去丈夫,468 名孩子失去父亲。

巨大的死亡人数,惊人的死亡方式,使关于莫蒙加矿难的报道铺天而来。例如,匹兹堡的一则新闻报道就形象地描述了这个事故:

首先好像远处传来一声惊雷,紧接着就似千万条尼加拉加河奔腾而来。就像火山喷发一样,炽热的气体喷涌而出,冲向地面,吐出红色火舌,灰尘遮天蔽日笼罩着整个山坡。向井下(向 8 号井)送风的三十英尺长的鼓风机也被吹起,横在河上。可怜的 15 岁大的小猎手查尔斯·奥那凯(Charles Honaker),满身是火,简直就是一个人体火把,被笼

罩在炽热的激流中。在矿井入口附近的几个人同样也被死亡之手抓起给扔进矿井的血盆大口中。（匹兹堡通讯,1907,1）

　　描述尽管很形象,但决未夸大其词。矿井中的大部分人都被烧得面目全非,一些尸体甚至被烧焦到无法辨认;其他一些人则被爆炸的冲击力给撕成碎片。在莫蒙加镇上,建筑物倒塌,人行道弯曲,街面开裂。随着矿难消息的传播,人们都涌入到爆炸地一探究竟,使这些赶往莫蒙加的人更兴奋的是满天飞的传言。例如,一个传言称血像喷泉一样正在从 8 号矿井中喷出。现场聚集的围观人群大约有一万到二万五千人。灾难给很多人提供了赚钱的机会,一家铁路公司甚至推出了从巴尔的摩到莫蒙加的游览服务项目。（Jackson,1982,39—40）

　　除了给人们提供了采煤业具有高度危险性这一素材之外,莫蒙加矿难还为我们认识煤田中的权力关系提供了一个典型范例。固本煤炭公司在西弗吉尼亚州和肯塔基州拥有超过一百个矿井,莫蒙加 6 号矿井和 8 号矿井只是其中的两个。固本煤炭公司只是控制阿巴拉契亚地区的众多企业中的其中一个。这些企业能够控制这个地区不仅因为他们经营了众多矿井,还因为他们拥有了很多土地。正如阿巴拉契亚土地所有权特别工作组所说:

　　　　世纪之交以来,在对该地区的研究中土地问题一再被提起。例如,1926 年总统煤炭委员会提到了公司土地所有权集中化问题,美国钢铁公司及其分支机构在阿拉巴契亚地区拥有 75 万亩煤田土地;固本煤炭公司拥有 34 万亩;匹兹堡煤炭和焦炭公司拥有 16.4 万亩土地。（不过,煤炭委员会推估,为了保护他们的投资,大部分公司拥有的土地并没有超出他们的所需。）在 20 世纪 30 年代,英国分析师沃特金斯对于阿巴拉契亚独立社区的发展则持一种更为强硬的立场,他说:"一个必要的步骤……需要对土地所有权进行更大和更严格的控制,因为很多煤炭经营公司几乎拥有了煤矿所达之处范围内的所有土地。"（1983,10）

　　说穿了,在此刻公司仍然拥有土地、城镇、城镇里的房屋,并且对地方政府及州政府都拥有广泛的影响。[1]

在事故发生后接下来的日子里,固本煤炭公司受到了来自四面八方的支持和赞扬,一些甚至完全没想到,例如,当地的一位部长在事故发生一周后的讲话中指出了灾难的人为原因,然后问询听众如何看待煤炭公司。他说:

> 如果因为瞎炮点燃了瓦斯和煤尘而导致爆炸这一说法被接受的话,那么显然是无知抽笨的。别忘了有关矿难原因的理论已经增加了,我们需要承认莫蒙加矿难的责任就在人自身的肩膀上,是这些人违背了上帝的指令……
>
> 诸如此类的爆炸也使人们更加相互信任,它也使这些问题浮上台面。在这些日子里,社区和费尔蒙煤炭公司之间的同情心在上涨。这段时间对公司的法律诉讼也嗅到了一点点迫害的味道——你经常发现这些社区都在批评他们的公司,并且我们……对煤炭公司的这些批评并不总是友善的……(Jackson,1982,46—47)

其他一些人士也站出来为煤炭公司辩护。西弗吉尼亚的州长道森(Dawson)也赦免了经营者的救助责任,他说道:

> 公司非常慷慨,它们宣布说这些遇难矿工家庭可以继续住在公司住房里,只要公司没有新的规定。但是如果没有住房提供给新的工人的话,这些被破坏的矿也无法恢复生产。对于弗吉尼亚来说,这次矿难的规模太大,很难单独为之提供所有必须的帮助,因此也呼吁国家给予帮助。(Jackson,1982,51)

公司对事故幸存者的支持实际上是有限的。费尔蒙特支付了葬礼费用,但最终它只同意给每个寡妇支付 150 美元的补偿,给每个 16 岁以下的孩子 75 美元的补偿。至于州长道森提到的提供住房问题,1908 年 1 月,匹兹堡公司就开始在“匹兹堡通讯”上发广告招聘替补工人。8 号矿井在 1908 年 1 月的最后一周重启,6 号矿井在 2 月 1 日重新开始运营。因此,幸存者只允许在公司住房里住很短的时间。

在 20 世纪早期莫蒙加矿难的境遇也给矿工的困境带来一种新的思考。显然,当工业在增长时,当固本煤炭这样的公司也在赚大钱时,矿工就会受制于煤炭经营者,在煤田中经常是无能无力的。在诸如弗吉尼亚这样的州中这是千真万确的事实,在这里工会组织遇到了来自煤炭公司的强烈抵抗。但在莫蒙加 6 号和 8 号矿井矿难后,这引起了全国的注意,很多人又开始思考矿井中这似乎永无止境的大屠杀。13 天后,当宾夕法尼亚州雅各布斯溪(Jacobs Creek)的达尔(Darr)煤矿又有 239 人死亡后,人们对矿难的关注进一步高涨。然而在我讨论联邦政府对这些死难的反应之前,让我先来解释这些重大灾难为何增加得如此迅速。

5. 技术不再意味着进步

重大矿山事故的快速增加主要与煤炭工业的一系列生产变化有关。挖掘机械的引进大大改变了对矿工技能水平的要求。经济学家卡特·古德里(Carter Goodrich)写道:

> 这是一幅真实且重要的变化图景。在矿工眼里,经营者不再相信矿井中的"几何精确性"。采煤业中的大部分采挖工作都已被切割机所取代;即使还存在手工,许多传统技能和许多老矿工引以为傲的肋拱平滑切割技术或完美拱形行进技术现在已经变成过去式……
>
> 如今的矿工……大部分都是新移民及其孩子,包括意大利人、波兰人、匈牙利人和其他国家的人,他们的祖业是务农而非采矿。据移民委员会 1910 年的研究结果显示,有超过 8% 的英国矿工在来美国前从事采矿工作;但大部分新移民矿工在以前他们自己的国家都曾是农场劳工或个体农民,只有大约 10% 的人曾经在矿上工作过。(1925,108—109)

针对支持古德里奇说法的证据,我们只需要看莫蒙加事故的记录:在遇难者中,有 171 名意大利人,将近 100 名斯拉夫人。他们大部分人都没有采煤工作经验。

　　煤炭经营者日益重视生产力，办法就是在促进生产的同时鼓励他们草率行事。这种生产取向必然要使用更多的炸药或者更多的空炮，这也增大了矿难发生的可能性。基本上，"空炮"（blown-out shot）这个术语是指把炸药放置到煤层中预先钻好的洞里。在矿难发生时，其中一个空炮被视为莫蒙加矿井爆炸的原因。根据描述，导致矿难的那个空炮是由无经验的工人操作不当造成的，他用药很多，希望尽量炸出最多的煤。据估计，矿工放一次填药的炮要炸出 50 吨以上的煤，能产生 20 万立方英尺以上的爆炸气体。这个理论直到 1972 年才被接受，这时莱斯特·瑞德（Lester Trader）——6 号井的灭火总指挥——承认在 1907 年矿难验尸官的调查中他根据公司总裁的指示隐瞒了信息。费尔蒙煤炭公司总裁要求公司所有见证人"说真话，但不要主动提供信息"。瑞德遗漏的信息是：管理层知晓有 50 磅炸药被落在现场附近。管理层做出决定让炸药放在那儿是为了节省时间。（Jackson，1982，126—127）

　　因为爆破和机械切割煤炭在矿井中得到普遍应用，粉尘（在手工采矿时代这只是一个小问题）取代甲烷气体成为爆炸的主要原因。煤炭行业的大多数专家都愿意承认矿井中瓦斯的危险性，但多数经营者并不认为在没有瓦斯时存在起火的可能性。这种争论使这个领域的研究进展缓慢。不幸的是，粉尘理论的价值直到 1906 年 3 月才得到确认，这时在法国白兰地的一次矿井爆炸致使 1230 名工人遇难，直到矿难发生这个矿井也没有甲烷气。

　　20 世纪头 10 年一系列灾难性矿难使公众开始注意到煤矿的工作条件问题。但这种关注既没有保护矿工也没有改变矿工工作环境。我们现在回到立法上来，为了解决这个问题该立法终将被通过。

6. 1910 年组织法：第一部象征性法案

　　认识到煤炭工业的重要作用，UMWA（现在由激进的托马斯·L. 刘易斯领导）的力量不断壮大，公众对该问题的意识也开始觉醒，国会最终在 1909 年 1 月 22 日通过引入一部法案来解决煤矿安全问题。几乎历经 16 个月，法案才得以通过。作为 179 号公法和联邦组织法，第 61 届国会于 1910 年 5 月 16 日颁布了第一部国家煤矿安全法案。

　　该法案声称它的首要目标是改善煤炭工业的安全和工作环境。为了实现这个目标，国会还在内政部设立了一个矿务局。[2]矿务局的主要职能限于调查、教育、培训以及研究，其目的在于给采矿业提供帮助和咨询，而非对其进行监管。矿务局的财政拨款也不多：1911 年的拨款还不到 505200 美元。局长的薪水也很低（事实上这个薪水很难找到合适的人选）：年薪只有 6000美元，而国会听证会上的证词显示，一个高级采矿工程师每年大约能挣到 5万美元。UMWA 杂志所提到的首任主席约瑟夫·A. 福尔摩斯就是一个笑话，因为他显然重视生产更甚于安全。

　　使人惊讶的是，这个法案中竟然没有安全和健康条件的监察条款。事实上，法律明确否认了矿务局员工"有任何检查和监管煤矿的权力……无论在那一个州"。换句话说，尽管国会设立了一个专门机构研究生产，向矿主提供建议，但这个机构并没有安全监管的权力。直到 1952 年，矿务局才结束了它作为一个咨询机构的使命。这一年，联邦矿业安全法案或公法 82—522条款通过，联邦检查员被授权可以签发违规通知和撤销令。毫无疑问，从1910 年到 1952 年，矿务局在改善煤矿工作环境方面的成效远低于人们的预期。

　　立法的真正内涵也填补了以往经营信条的缺陷。以往煤炭经营者认为，"矿山事故是矿工粗心所致"，不应当把预防事故的责任赋予经营者，因为他们不可能监视每一个"粗心"或"不称职"的矿工。法律就呼应了这一主张，也得到了新闻界的响应以及商人、科学界专业人士的支持。煤炭贸易公告中的一句话就集中体现了这个立场：没有任何资料和数据证实，就假设"99％的矿山事故都源于矿工的粗心或故意疏忽"（Graebner，1976，25）。经营者还列举了其他一些事故诱发因素，比如在许多移民矿工中存在的酗酒、语言或智力障碍、文盲等现象。这时 UMWA 表达了这种观点：问题与其说是矿工粗心，不如说是什么导致了粗心。显然，工会同意由煤炭经营者来处理工人 - 事故的关系。（Graebner，1976，24—27）

　　总而言之，1910 年组织法重生产甚于安全，它显然无法肩负起保障矿工生命的重任。在接下来的 40 年里，有 7 万名以上的矿工死于非命。不幸的是，因为美国卷入了一战，这部法律是那段时间里改善工作条件的最后一次机会。直到 20 世纪 40 年代，工会压力以及其他社会经济因素才又促使矿山安全问题重新浮上水面。下一章我将对煤矿安全和健康立法的起源进行详细的解释。此处，我用明尼苏达州共和党众议员在 1910 年组织法的国会辩论中的一句话来结束本章：

　　但是提出什么建议呢？也就是说，在内政部长的领导下，矿务局只是负责"培育，促进和发展美国采矿业"。这与从事采矿从业人员的安全有关系吗？如果由矿山和矿务局执行，谁是这项工作的受益者？只能是这些大矿主们。（美国国会，1910a，979）

第四章

1910—1968：适时生效的诸多煤矿法案

组织法案通过后不久，联邦对采矿业状况的关注很快就衰减下来，这些突然间引起万众瞩目的问题又重新滑落到晦暗不明的角落里。经营者鼓吹说安全记录已逐步改善，并以矿难数量减少来佐证他们的说法。根据这个改善的说法，在接下来30年，国会所做的唯一有意义的事情就是处理矿务局在国家官僚体系中的定位问题。1925年7月1日，矿务局被并到商务部，1934年4月24日，它又被重新并回内政部。

实际上，煤炭业所宣称的安全状况已经得到改善并非事实。在1910至1940年的立法沉寂期期间，有将近62000名煤矿工人死于美国矿山事故。一直到20世纪30年代，每年的矿难连续下降数都不超过10起（见表5）。在1930至1939年间，大约有65万矿工致残，事故率并不能说明过去十年安全状况得到改善。无视这些事实，那些反对立法者认为整个30年代事故数量的稳定下降说明联邦和州政府的努力已取得全面成效。然而杰克逊指出：

> 矿务局在它成立的最初几年肯定没有阻止住致命事故，就如这些冰冷的数字所显示的那样：在最需要矿务局的1870至1910年间，有42226人，每年1000人多一些，死于煤矿事故。然而在接下来的40年间，有71102名矿工在美国煤矿失去生命，每年大约有1800人。只是到了20世纪50年代，死亡率才有显著下降。（1982，136）

安全问题成为一个迷之问题的主要原因在于，在1910年组织法通过后的30年间煤炭业的经济状况发生了变化。对安全问题的忽视使得对这一时期的研究变得十分重要，这有助于理解法律创制过程中的动力机制，这种动力机制有助于解释煤矿立法。让我们来观察其中一些的发展状况。

1. 衰退：煤炭工业发展的终止

19世纪末至20世纪初,煤炭工业发展势头令人震惊。19世纪70年代年平均煤炭产量为3010万吨,到1910至1919间年产量已增长到47160万吨(见表1)。单单在1910至1915年间,每年就有300个新矿开张。从1880到1920年,从业人数就从10万增至60万以上。由于在20世纪早期煤炭工业发展过度,其工作条件并不理想,相应的问题并没有随着生产膨胀而消失。例如,从1900到1920年,因为外部原因远比因为工人抗议而导致的停工时间多(见表3)。许多指标显示,对于煤炭业及其工人来说,在遭遇到重大经济困难之前,只存在一个时间困难。

表7 1930—1967年美国煤矿受伤事件及频率

年份	受伤人数		事故频率		立法行为
	致命	非致命	致命	非致命	
1930	2063	99981	1.87	90.65	
1931	1463	77958	1.66	88.26	
1932	1207	56283	1.73	80.5	
1933	1064	59129	1.34	74.58	
1934	1226	65559	1.43	76.63	
1935	1242	63426	1.52	77.43	
1936	1342	67540	1.45	72.91	
1937	1413	66259	1.55	72.62	
1938	1105	49636	1.59	71.36	
1939	1078	51773	1.42	68.12	
1940	1388	57776	1.65	68.75	
1941	1266	61057	1.37	66.26	公法49

续表

年份	受伤人数		事故频率		立法行为
	致命	非致命	致命	非致命	
1942	1471	66774	1.44	65.4	
1943	1451	64594	1.4	62.44	
1944	1298	63691	1.2	59.06	
1945	1068	57117	1.11	59.58	
1946	968	55350	1.1	62.92	
1947	1158	57660	1.22	60.72	公法 328
1948	999	53472	1.11	59.53	
1949	585	35405	0.91	55.11	
1950	643	37264	0.9	52.38	
1951	785	35553	1.13	50.99	
1952	548	30074	0.92	50.66	公法 552
1953	461	24258	0.9	47.23	
1954	396	17718	1.02	45.67	
1955	420	18885	1	45.03	
1956	448	19816	1.03	45.69	
1957	478	18792	1.17	46.04	
1958	358	14160	1.11	43.94	
1959	293	12163	0.99	41.09	
1960	325	11902	1.15	42.48	
1961	294	11197	1.15	43.86	
1962	289	10944	1.16	43.96	
1963	284	11133	1.12	43.97	
1964	242	11070	0.96	43.86	
1965	259	11138	1.04	44.73	
1966	233	10446	0.96	42.84	公法 376
1967	222	10115	0.92	41.84	

数据来源:美国内务部、矿物局、矿业执法安全管理局官方记录。

注释:频率为每1000000小时工作时间频率

一战结束后的几年内,烟煤业的经济状况开始变冷。毫无疑问,从战时经济到和平时期,经济的转变是一个重要因素。战时,在协作联盟的帮助下,工业产量明显增加,到了 1918 年,烟煤产量超过 5 亿吨,提供了全国 70% 以上的能源。在 1917 年,无烟煤产量达到峰值——9960 万吨。但是当战争结束时,煤炭业发现自身有 1 亿吨的过剩产能。(McDonald and Lynch, 1939,138)

为解决这个问题,煤炭行业也进行了些微的调整,但影响却至为甚远:

> 不仅煤炭产停滞,而且几乎是供大于求。过剩产能以及过量供给使供应者陷入瘫痪,严重恶化了劳资关系。供给侧竞争使煤炭企业及其工人陷入贫困化。需求不足也塑造了这一时期的煤炭政治和经济形态。它把一种抑郁心理移植到管理中,这种管理限制了企业愿景。同时,它还创造了一种在经济活跃年份投机取巧式的见利即抛(profit-tak-ing)的"追分"(run-up-the-score)思想。它也直接影响了集体谈判以及行业做法,即把生产成本转移到其员工及采煤社区身上。

到了 20 世纪 20 年代,当煤炭需求在减少时,煤炭年产量却在以每年 8% 的速度增长。

许多因素有助于解释这种需求减少。一个主要因素就是它面临着同石油、天然气以及电力等其他能源的竞争。这些竞争性能源在可利用性及成本上都优于煤炭,运输起来也更容易。由于常常面临停工困扰以及其他各种问题,煤炭业这种不靠谱的本性也促使了国家向其他能源转型。煤炭燃烧方面的技术进步也导致了煤炭需求的减少。

在 20 世纪 20 年代后期,这种状况导致行业雇员减少了 20%,有 136000 人失去了工作,随之而来的是工资收入减少,平均日薪从 7.5 美元减少到 5.5 美元。经营者同样也面临痛苦:在 1920 年有 90% 的企业盈利,到了 1929 年只有 35% 的企业盈利,到了 1932 年还有 1900 家大约 16% 的企业赢利。在 1929 和 1939 年间烟煤行业每年都是净亏损。(Backman,1950,69)只有大约 25% 的煤炭企业实现了净盈利。(Fisher and James,1955,328;见表 8)采煤业是一个"过度发展、管理不善的行业,处于一种内外交困的经济状况之中。这个行业有太多的煤矿、太多的工人、太多的设备、太少的管理,无规划、无利润、无基本收入"。(Van Kleeck,1934,186)

表8　美国国家税务局烟煤开采企业报告(1928—1947)

年份	企业数量	净亏损比例(%)
1928	2705	68
1929	2469	62
1930	2239	65
1931	2095	72
1932	1864	84
1933	1851	79
1934	2017	67
1935	1975	70
1936	1945	70
1937	1815	70
1938	1887	81
1939	1820	72
1940	1756	62
1941	1722	50
1942	1737	48
1943	1623	40
1944	1584	41
1945	1544	41
1946	1640	38
1947	1837	25

数据来源:费希尔和詹姆斯,1955,328。

2. 美国矿工联合会,矿工过剩,生活无着

工联主义(Trade unionism)只是理解煤矿安全立法起源的一个要素,它

也超出了我们当前所讨论的 UMWA 20 世纪早期发展的主题范围。这里能做的就是一个概览。

在 UMWA 发展最迅速的时期，是约翰·米切尔在掌管着它，在这期间，其会员人数增长到 25 万人左右。但他并非是改变煤炭行业劳工关系的关键力量。据说他的保守态度或对行业关系的友善态度对矿工有长期不利的影响。实际上，据说米切尔践行的是"经济工联主义"，米切尔相信，"劳资之间不必搞得剑拔弩张……双方利益相通，一荣俱荣，一损俱损"。（1903, ix）这个信条也促使他与那些杰出的资本家建立起更亲密的关系。米切尔经常从诸如皮博迪煤炭公司总裁弗兰克·皮博迪（Frank Peabody）那样的煤炭经营者那里寻求财政问题的建议。米切尔也是国家公民联盟的成员，在那里他也可以和很多资本家接触。米切尔也涉入到很多对个人有利可图的活动：他拥有矿山股份及煤炭区土地；他也持有一个炸药公司的部分股权，该公司向矿工出售炸药；他甚至从健康和意外保险项目中抽取佣金，这个项目是他为矿工建立的。至少可以说，约翰·米切尔卷入了多重利益冲突。不幸的是，很多工人并不知晓他的作为，因为他在诸如八小时工作制等方面的协商的胜利，米切尔总是被工会会员高高在上地供奉着。

米切尔的作为是大有疑问的，但他给工会所带来的最具破坏性的打击是他强调的分权式工会组织结构。每个区都可以独立进行协商，这种实践模式反对统一工资和价格。如果一个区协商到一个更高的价格，最后反而可能产生不利的影响。因为经营者无法给煤炭制定出一个有竞争力的价格，这个地区的矿工工作天数可能更少，这样他们也终将一无所获。UMWA 就这样被它自己打败了，它也完全无法统一全国的工资结构。

在整个煤田，此时也正涌动着一股日益壮大的激进主义思潮，它们向煤炭工联主义发起挑战。比如西部矿工联盟（Western Federation of Miners）和世界国际工人（International Workers of the World）在美国某些地方领导了煤矿罢工。刘易斯在 1908 年接替米切尔成为 UMWA 领导后，UMWA 的定位发生了重要变化。但周边这些地区领导人并没有公开接受他的激进纲领。托马斯·刘易斯关于工会集权化的提议也遭到了抵抗，尽管他的代表牵扯到了所有重要罢工行动中，但各个区仍然保有许多权力。普通会员也拒绝授权给工会主席去惩处那些藐视全国工会指令的地方工会领导人。

刘易斯任职时间很短,这有几个原因。首先,他的激进主张把自己置于同 UMWA 中的许多权力掮客相对立的困境。他的任期一开始,这些权力掮客就故意给他难堪。其次,普通会员也不支持刘易斯的议事事项。最后(留在最后分析,也是最重要的一点),在 1910 年 3 月煤炭经营者能在联席会议出现后,UMWA 参与了一系列罢工。这些劳工行动花费了工会 150 万美元以上,只给工会财政剩下 160800 美元(McDonald and Lynch,1939,86—87)。在 1911 年 4 月 1 日的 UMWA 第二十一次会议上,托马斯·刘易斯被约翰·P. 怀特(John P. White)所击败,后者成为这个全国最大的煤矿工会的主席,而托马斯·刘易斯重新回到地下采煤。

约翰·P. 怀特继承了上任主席留下的困境。工会内部的勾心斗角不断带来问题,特别是在宾夕法尼亚第 2 和第 5 区。在 1912 年的会议上,作为新国际宪章的一部分,怀特成功地施行了某些措施,使领导能更好地控制地区组织。在 1912 年,怀特在谈判桌上大获全胜。同年 3 月份,在克利夫兰所举办的一次联席会议上,UMWA 获得了一份新的中央竞争煤田的州际契约。4 月在费城,UMWA 又获得了一份契约,这份契约被很多观察家认为是无烟煤地区有史以来最好的一份契约。在 1912 年间,契约被签署,这份契约基本上是基于克利夫兰协议,它影响到很多州的工会矿工,包括阿肯色州、堪萨斯州、肯塔基州、密歇根州、密苏里州、俄克拉荷马州、中宾夕法尼亚以及西弗吉尼亚的卡诺瓦地区。

怀特的谈判成功也使得工会会员大幅度增长,到 1913 年,五年内会员人数从 125000 人增长到 378000 人。(Parlman and Taft,1935,342)[1]但蜜月并没有在煤田持续多久。怀特的遗产包括矿工同煤矿经营者之间激烈血腥的战争,这可追溯到米切尔时代。劳工行动频频卷入到罢工者同破坏罢工者及企业护卫之间的枪战中。劳工行动经常被州民兵及联邦部队镇压,它们往往以公共秩序的名义踏入营地镇压骚乱者。在怀特任主席期间,发生了一些著名的矿山战争。在西部,流血的科罗拉多罢工持续了数年;在东部,西弗吉尼亚的卡宾溪(Cabin Creek)和潘特溪(Paint Creek)罢工尤为暴力。约翰·怀特在 1913 年描述了后者的情景:

联合会的煤矿工人组织参与了西弗尼吉亚卡宾和潘特溪地区历史

上最艰苦卓绝的斗争,这场斗争足以被写入历史。斗争之残酷,方式之残忍,没有任何行业冲突能超越。曾两次颁布戒严令,现在依然有效。实际上更令人触目惊心的是我们的人民所遭受的侮辱,他们被那些煤炭企业所雇佣的护卫施以非人道的待遇;那些用来保护任何主权国家公民的宪法自由权利被无情践踏,手段无所不用其极。然而我们看到一个伟大的国家,屈从于煤炭势力,整个军事力量都增援给煤炭公司,它们碾碎了所有的希望和抱负,将之抛入下水道里。

我们的人民每天都有人被送进监狱,却难以从这个专断法庭得到任何援助。他们被驱赶出自己的寒舍,住到帐篷或由联合会工人搭建的家中,忍受着难以想象的苦难。尽管内部的敌人和外部的武力试图压垮这些勇敢的男人、女人及孩子,但这些工人怀有最大的决心将这场为人权而战的斗争进行到底。(McDonald and Lynch,1939,103—104)

怀特在1913年对西弗吉尼亚卡宾溪和潘特溪状况的描述非常准确,但事情之后起了变化,好坏都有。从正面来看,为了回应 UMWA 及其他组织的呼吁,美国参议院发起了听证会,以调查西弗吉尼亚所发生的一切。听证会所造成的压力也使罢工问题得到解决,同时还形成了一个新的 UMWA 地区——29 号区。从负面来看,促使参议院行动的东部骚乱和暴力在一年后又大大增加了。由新招募的煤炭公司护卫所组成的科罗拉多国民警卫队又在"拉德洛黑洞"(Black Hole of Ludlow)屠杀男人、妇女及儿童。工会被控告同中央煤田的经营者一起密谋抬高西弗吉尼亚煤炭成本,从而把那里的矿主置于劣势地位。这些指控后来也不了了之。在谢尔曼反托拉斯法之下,工会支付三倍损失的威胁仍在。幸运的是,工会身上的一些法律压力很快就烟消云散了。

3. 战争的影响

在20世纪二三十年代,政府对工会的态度开始反生转变,有两个因素可以解释这一转变:在1912年选举中劳工支持了民主党以及1914年一战的爆发。这时期最重要的立法是1914年克莱顿(Clayton)法案,该法案想减少联邦法院对劳工争议的介入。同时期的一位法案发起人写道：

> 尽管克莱顿法案没有体现出劳工游说联盟所要求的全部而彻底的改变，但当时它仍被宣称满足了劳工要求。克莱顿法案一开始就说，"劳工是人而不是货物，也不是商品"，并且明确指出劳工组织不应当被视为反托拉斯法中所说的用来限制贸易的非法联合或阴谋组织。（Perlman，1922，226—227）

有人可能以为克莱顿法案的通过将意味着工会权力新时代的开始，但并非如此。随之而来的战争负担和经济萧条等限制使工会从来没有完全行使过它们的权力。战争实际上经常创造出有待工会去克服的新障碍。根据战争前期所签订的契约工资得以增长，但迅速上涨的生活成本（这也抵消了工资上涨的收益）和非工会企业所实行的奖金制度又招致了劳工的不满。因为煤炭市场的动荡不止，而国家又需要可靠的燃料来源，这样联邦政府根据列维法案（Lever Act）开始管控煤炭价格。大约同一时间，美国燃料管理局把劳资双方召集到一起，试图营造出一个更好的业内关系环境。这些讨论中最著名的成果就是 1917 年华盛顿协议。

华盛顿协议实际上是一个三方契约，涉及 UMWA、中央区域经营者以及美国燃料管理局（中央区域涉入的重要性在于其他煤田协议也要接受该协议条件的约束）。契约给涨了工资，但最重要的一点是其意在减少劳工骚乱的惩罚条款。华盛顿协议要求经营者去惩罚任何导致煤矿停止的个人；各区罚金各有不同。如果经营者不能把罚金收上来，他们将遭受到政府的处罚。这也可能被认为是政府想明确界定工人斗争范围的首批行动之一。

人们并不欢迎对惩罚条款所做出的让步，但在战争期间人们一般还能够接受。真正的问题在 1918 年停战协议之后才浮现出来。在战争结束时政府解散了燃料管理局，但煤炭经营者认为华盛顿协议仍有效，并继续惩罚那些罢工者。工会被迫挑战这个观点，为此发动了多次罢工。代理主席约翰·L. 刘易斯（他在 1919 年夏天接替了生病的弗兰克·海斯）在 UMWA 大会上要求华盛顿协议最迟在 1919 年 11 月 1 日终止。经营者认为华盛顿协议应当生效至 1920 年 3 月 21 日。工会在 1919 年 11 月 1 日开始举行全国大罢工。全国大罢工没有持续多久，因为政府又回到过去的做法，通过法院和指令进行介入，要求公共终止罢工。全国及地区工会领导人同意取消罢工。然而矿工无视工会领导（可能这正是刘易斯所期待和希望的）的命令，继续罢工到下个月，直到工会接受威尔逊总统当局所提供的条件。政府当局承诺工资立即增长 14%，同时成立一个委员会专门监察该问题。委员会最终拒绝了工会关于每周 34 小时工作制（其意在减少煤田日益增长的失业人数）和工资增长 60% 的提议，但该委员会同意把工资增长 27%。惩处条款在新协议里保留了下来，它作为所有煤炭协议的一个标准条款直到 20 世纪40 年代才被废除。

无论 1919 年事件的后果如何，约翰·L. 刘易斯都作为一个 UMWA 统治者的形象而走上台面，同时他这种保守性经济导向的领导风格也支配着工会走向。柯蒂斯·萨尔茨（Curtis Seltzer）解释道：

> 经济工联主义不喜欢冒险，更喜欢获得即时的收益。这种观念在 UMWA 盛行数年，因为它能适应快速变化的环境。当抵制罢工时，像约翰·米切尔和约翰·L. 刘易斯这样的经济关联主义者作为罢工领导者就能够确立声望；当抵制国有化时，刘易斯就过来鼓吹联邦应当强力监管市场，以稳定竞争、保护劳工。相当粗糙的煤炭管理也使得这些保守的工联主义者能赢得普通会员的信任。（1985，32）

依赖于这种中庸之道，刘易斯设法打败了那些激进分子，包括民主社会主义者约翰·布罗菲（John Brothy），他在 1926 年同刘易斯竞争过 UMWA 主席，试图挑战刘易斯对工会的控制权。这种集权主义信条伴随刘易斯一生的职业生涯。然而我们要关注的是，刘易斯的观点如何影响了健康和安全立法及相关劳动法案的发展。[2]

4. 熬过 20 世纪二三十年代

一战后即刻浮现的问题到了 20 世纪 20 年代迅速变得愈发糟糕。在烟煤雇员达到 60 万人以上的峰值以后，到了 1930 年下降到大约 45 万人，然后到 1932 年二战前还不到 36 万人。无烟煤矿雇员在 20 年代也呈现了一个大致的人员下降趋势，从战时大约 17.5 万人的最高值下降到 30 年代的 15 万人左右。烟煤和无烟煤境况的主要差别在于：烟煤工业到了 30 年代后期逐步得到恢复，而无烟煤从业人数则是加速减少。由于无烟煤生产的困难及相应的高成本，导致这种煤的需求也开始减少。[3]

对 30 年代矿工就业情况的第二个观察视角是看其周工作时间平均数是否显著减少。即使在 20 年代最糟糕的时候，矿工每周平均工作时间仍在 34.1 小时，到了 20 世纪 30 年代下降到 27.7 小时，降低了 18.8%（见表 9）。显然，工时的减少也影响到矿工拿回家的报酬，烟煤行业的周平均收入从 20 年代的 25.32 美元降低到 30 年代的 19.13 美元。换句话说，仍在工作的矿工会发现他们自己比 20 年代少挣了 25%。收入减少的同时又遭遇了极高的通货膨胀率，这也大大削弱了美元的购买力。

表 9　1909,1914,1919,1923—1969 年沥青和褐煤煤炭开采生产工人周平均工时间和薪酬

年份	生产工人（千人）	周平均收入（美元）	周平均工作时间（小时）
1909	522.9	11.7	37.5
1914	561.9	12.11	34.9
1919	557.7	25.84	35.2
1923	657.2	25.41	31.1
1924	577.7	23.42	29.8
1925	548.7	26.24	33.9
1926	553.5	28.42	37.4
1927	553.8	24.18	33.3
1928	486.9	24.46	35.3
1929	469	25.11	38.1
1930	450.6	22.04	33.6
1931	416.9	17.59	28.1
1932	357.7	13.58	27

续表

年份	生产工人 （千人）	周平均收入 （美元）	周平均工作时间 （小时）
1933	374	14.21	29.3
1934	432.2	17.45	26.8
1935	445.5	18.86	26.2
1936	459.8	21.89	28.5
1937	471	22.94	27.7
1938	414.8	19.78	23.3
1939	379.8	22.99	26.8
1940	425.4	23.74	27.8
1941	421.9	29.47	30.7
1942	464.3	33.37	32.4
1943	427.6	39.97	36.3
1944	410	49.32	43
1945	374.5	50.36	42
1946	362.8	56.04	41.3
1947	411	63.75	40.3
1948	420	69.18	37.7
1949	376.1	60.63	32.3
1950	351.4	67.46	34.7
1951	355.8	74.69	34.9
1952	311.2	75.04	33.8
1953	273.6	81.84	34.1
1954	213.6	77.52	32.3
1955	204.9	92.13	37.3
1956	213.4	102	37.5
1957	212.9	106	36.3
1958	175.1	97.57	33.3
1959	159.4	111.34	35.8

续表

年份	生产工人 （千人）	周平均收入 （美元）	周平均工作时间 （小时）
1960	149.2	112,41	35.8
1961	129.3	112.01	35.9
1962	123.1	114.46	37
1963	121.4	121.43	38.9
1964	119.8	128.91	39.2
1965	115.2	140.26	40.2
1966	112.4	149.74	40.8
1967	114.6	153.28	40.7
1968	108.9	155.17	40.2
1969	111.9	169.18	39.9

数据来源：美国内务部、矿物局、矿业执法安全管理局官方记录。

与采煤工业的经济下行趋势相伴的是煤炭生产进度的不断加快，尤其是煤炭机械装载能力的快速增长。在 1900 年，只有不到四分之一的地下煤炭是机械开采。到了 1920 年这一数字上升到 60.7%，到了 1930 年达到 81%，到了 1940 年则达到了 88.4%。但其中最大的变化则是煤炭如何运输到地面。在 1920 年只有 1% 的地下煤炭通过机器装载运输，到了 20 世纪 40 年代中期则有一半以上的地下煤炭进行机械装运。（Dix，1988，217）

在某些州，从手工装运到机械装运的转变更快。例如，在伊利诺伊州，1928 至 1931 年间地下烟煤机械装运率从 13.3% 剧增到 59.4%。剧增的原因是在 1928 年煤炭经营者之间签署的一份合同，它允许第 12 区成为首个接受全面机械化矿井的谈判单位。工会所接受的其他合同让步也清楚表明 UMWA 的谈判能力在削弱。矿工的日薪从 7.5 美元减少到 6.1 美元，吨煤工资也从 1.08 美元降低到 0.91 美元。此外，根据煤炭经营者的要求，1928 年伊利诺伊州合同在 1932 年 3 月 31 日终止，这也使它成为 UMWA 历史上最长的合同承诺，也给煤炭业以充分的时间完成矿山机械化改造。

伊利诺伊州合同的妥协对于工会来说显然是一个重大挫败，尤其对于约翰·L. 刘易斯来说。伊利诺伊州的问题始于 1927 年,这时煤炭经营者要求改变杰克逊维尔协议的条件,因为他们声称无法同那些非工会煤矿竞争。1924 年杰克逊维尔协议对于 UMWA 来说是一个重要胜利。通过 1922 年的一系列罢工,工会吸引到一大批会员,以比较稳健的财务状况参与到谈判中,相应地,工会也就获得了一个比较有力的谈判地位。在杰克逊维尔协议中,中央煤田的经营者接受了日薪 7.5 美元的三年合同。对于中央煤田的工资来说,杰克逊维尔协议的意义并不大,因为实际上它只是重新确认了当前的工资水平。协议的重要性在于其他矿也接受了这一工资水平及工会在问题解决后的反应方式。

在 1924 年的 UMWA 大会上,会员们批准了由约翰·L. 刘易斯所提议的一项“绝不后退”的政策。该政策基本上意味着工会将不会在工资问题上做出任何妥协,无论煤炭价格或销售情况如何。不幸的是,正如基思·迪克斯(Keith dix)所解释的那样:

> 一些偏远地区的劳工协议墨迹还未干,经营者就开始警告工会说,在杰克逊维尔标准下他们无法赢利。许多地区的工会煤矿都报告说要关门,因为他们无法同那些非工会地区的采煤量相竞争……
>
> 当 1924 年秋季到来时,对于许多经营者来说,经济状况变得更加萧条,尤其是对于中小型企业来说。产量数据显示非工会煤田正在抓住机会扩大市场份额,而在工会煤田地区大部分矿都在减少工作时间,或者是关门了之……很多个体经营者从经营者协会中脱离出来,宣称他们作为一个个体企业不再接受协会所签署的合同的法律或道德约束……
>
> 当西北部弗吉尼亚煤炭经营者协会成员要求刘易斯同他们会面,以考虑一下削减工资问题时,刘易斯同意会面但预先警告他们说,“在合同期满前不会对工资标准做任何更改”。(1988,147—148)

很明显,在杰克逊维尔协定之后的伊利诺伊四年合同时间里,刘易斯坚定执行了他的“绝不后退”政策,他对该政策的坚持也使一些大的煤炭经营者采取行动去破坏工会。该行动的首批发起者之一就是匹兹堡煤炭公司,这是一家全国最大的煤炭生产商。1924 年,这个由梅隆家族拥有的公司宣布,由于杰克逊维尔合同的影响,它正在关闭位于宾夕法尼亚和俄亥俄州的已经经营了 54 年的矿井。然而在 1925 年 4 月,矿井又重新开张运营了,它们仅仅雇佣一些同意不参加工会的矿工,签订的协议也仅仅是一个"黄狗合同"①。"匹兹堡计划"的使用很快被其他大型公司所效仿,比如伯利恒钢铁,企图以此破坏掉工会对他们经营的影响力。其他一些主要的煤炭企业,诸如西弗吉尼亚的固本煤炭公司,仅仅是从他们所属的煤炭组织中退出,不再遵守杰克逊维尔协定的条款。

脱离 UMWA 合同约束的另一个策略是把煤矿经营权转给第三方,既非独立的经营者也非矿工自己。在这种租赁条款下,在非工会条件下经营煤矿的独立承包人常常把煤炭仅售给矿主。在那些所谓联合经营的煤矿中,矿工一般同意对收入进行四六分成,六成收入用以供给矿工或支付薪水,四成收入归矿主。这些规避杰克逊维尔协定的策略显然严重影响了工会官僚们于 1928 年在伊利诺伊州所做的决定。可能有人认为说,接受机械化以及 UMWA 所做出的其他让步是工会为生存而必须付出的代价。

20 世纪 20 年代所出现的另一个进步是产业集中。集中有两种形式:①通过收购小公司而形成的大煤炭公司在增多;②综采工作面的减少。对于一个公司如何采取这两种看似矛盾的行为,匹兹堡煤炭公司为此提供了一个很好的诠释。当 20 年代中期形势恶化时,主要煤炭公司就去收购那些经营困难的矿井,以增加它们的市场份额,希望以此稳定动荡不安的煤炭业。例如,匹兹堡煤炭就收购了 C. 瑞斯煤炭公司(C. Reiss Coal Company)和密尔沃基西部燃料公司,这样匹兹堡公司就奠定了它在密歇根湖煤炭贸易中的霸主地位。钢铁制造商、公用事业公司以及其他煤炭依赖行业中的企业为了减少综合生产成本,也在努力积极收购煤矿。

其他集中形式涉及大公司关闭中小型矿井。这次集中运动中的最重要因素是机械化的引入(煤炭切割机和机械装载机),这些机械需要更厚的煤层和更大的操作空间,唯有如此这些机械设备才能使用。匹兹堡再次充当

---

① 指在美国历史上曾经出现的强迫工人加入由企业主控制的工会合同,它使企业加强了对工人的控制,严重损害了工人的利益,1935 年由《国家劳工关系法》废除。——译者注

了一个很好的例证:

> 这个在匹兹堡地区拥有 50 个以上矿井的公司,正在启动一个大型矿山工厂集中计划,把老旧小矿都集中到少数几个大型煤矿中去。每一个用来削减成本的现代化功能都意味着上百万吨的成套设备。(《煤炭时代》,1925)

一类矿井(即年产超过 20 万吨的矿井)采煤率剧增也记录了矿井向大型化、机械化的转变进程。1922 年,全国只有 31.5% 的煤炭来自一类矿井,到了 1929 年这一数字上升到 65.2%。(Dix,1988,174)

尽管这些大公司采取各种办法试图重组这个摇摇欲坠的产业,但仍有必要记住这一内容:在 1929—1939 年间,烟煤行业报告每年都是净亏损(Backman,1950,69)。到了 20 世纪 20 年代后期,显然这个行业已经无法在这个绝境里自我拯救,需要政府介入多少已经成为一个必须接受的现实。

5. 联邦规制和采矿业

1928 年前后,认识到工会的无能以及他们所面临的不得不忍受的现实,刘易斯开始寻求政府干预。刘易斯并没有接受他的竞争者要求煤炭产业国有化的呼吁,但他最终接受了他所倡导的自由放任方法并不奏效这一事实。UMWA 领导们所采用的策略就是规划立法路线图,但他们并不想推动政府的全面规制,而是想进行选择性规制。UMWA 支持的第一个法案是由詹姆斯·沃森(James Watson)提起的,他是来自印第安纳州的参议员,该法案企图统一全国工资标准,以稳定煤炭行业。面对来自煤炭经营者的强烈抵制,沃森法案在 1928 和 1929 年的委员会上就胎死腹中。1932 年,UMWA 发起提案,要求建立一个全国委员会,通过对经营者特许授权的办法来规制州际煤炭贸易。这就是戴维斯－凯利(Davis-Kelly)法案,该法案呼吁政府对劳工行为进行监管,同样也没有通过。

直到富兰克林·德拉诺·罗斯福选举时,UMWA 才在立法舞台上取得成功。刘易斯在选举中并不支持罗斯福,但新总统的经济复苏计划为 UM-

WA 提供了挽救摇摇欲坠的工会所必需的推动力。1933 年国家工业复兴法案(The National Industrial Recovery Act,简称为 NIRA)的通过使政府对工联主义的态度发生了重要转变。对劳工来说,最有意义的是 NIRA 7a 条款中所包含的保证,为这部分保证条款刘易斯曾辛苦游说,他战胜了大多数资本家。两个主要保证条款是:①雇员有权利组织起来通过代表进行集体谈判,雇主不能干预、约束或强迫他们;②不应在违背其意愿的情况下要求任何一个员工加入公司工会或限制其加入工会。然而必须说 NIRA 某种程度仍是权衡的结果:

> 当最后呈交给国会的 NIRA 文本规定不得依据反托拉斯法对这些工业企业进行起诉,如果这些企业通过稳定价格和分配市场的方式消除竞争的话。为回报反托拉斯法的起诉豁免,这些商人不得不同意总统的处罚条款,该条款要求实行最低工资和最长工时制度、要求消除童工、承认工人组织工会和集体谈判的权力。(Dubofsky and Van Tine, 1986,132)

不仅如此,"实践证明 7a 条款的承诺也是形同虚设,因为雇主发现它与设立公司工会没有什么不同。每当以该条款而起诉这些雇主时,他们就会公然蔑视国家劳工委员会"。(Atleson,1983,39)

一开始,就可以从罗伯特·瓦格纳(国家劳工委员会主席,后来是瓦格纳法案的提案人)的言论中清楚地看出国家劳工委员会(The National Labor Board)只是一个临时机构,主要扮演一个协调角色(国家劳工关系委员会,1933)。实际上,"对其决策执行权的严格限制……意味着委员会至多只是在复兴计划中扮演一个象征性角色"。(Tomlins,1986,109)NIRA 有很多重大缺陷,它在某种程度上重新激起了工会运动,直到 1935 年谢克特案中最高法院宣布 NIRA 从根本上违宪,因为它授权给行政部门以规制州际贸易的权力,法院认为这应是立法部门的职能。

这个判决所造成的真空很快被 1935 年瓦格纳法案(Wagner Act)的通过所填补,随后就建立了国家劳工关系委员会(The National Labor Relation Board,简写为 NLRB)。对其研究的匮乏使我们难以窥得瓦格纳法案复杂细节及其内涵,但有两点可以肯定。第一,通过明确规定工人和工会的权利,该法案解决了 NIRA 诸多内在问题缺陷。第二,最高法院在 NLRB 诉琼斯(Jones)和劳克林(Laughlin)钢铁公司案(1937)中,确认了瓦格纳法案的合宪性,它允许 NLRB 以更积极的方式去规制劳工关系。然而在最后的分析中:

> 瓦格纳法案所带来的劳资关系的改变非常重要,但它的缔造者并不想从根本上重塑美国经济……当工人被法律授以组织罢工的权利时,新政以来劳工法也减弱和严重约束了工人的集体行动权力……瓦格纳法案的执行和应用都已完成,工人的权力一方面被强化了,同时另一方面也被弱化了。(Mccammon,1990,224,225)

公平地说,瓦格纳法案对工人的控制性强化了约翰·L.刘易斯的工会风格。在这个时期,工会会员重新开始回归,在全国劳工舞台上,刘易斯开始占据一个愈加重要的位置。1935 年,国会也通过了烟煤法案,用来替代《国家工业复兴法案》所建构的机制,后者已经被法院宣布违宪。不幸的是,在煤炭委员会即将启动其工作时,最高法院再次介入,在卡特诉卡特煤炭公司案中,最高法院宣布 1935 年烟煤法案违宪。

这项立法的修订版本最终在 1937 年得以签署生效,联邦资助煤炭业发展的综合项目也最终得以实施。法案起先的有效期为四年,随后又延展了两年四个月。

此时联邦对煤炭业介入的最终要素是什么仍需讨论,那就是联邦对工会和煤炭经营者之间的协定的监督。随着 NIRA 的通过,政府很快把 UMWA 和煤炭业界召集到一起,试图建立一个能够承认双方需求的公平竞争准则。这次商讨的结果就是阿巴拉契亚协定,这是一个涉及政府、劳工和资本的三方协议,1933 年 10 月 2 日生效,1934 年 3 月 31 日到期。

这份短期合同是五份阿巴拉契亚协定中的第一份合同,这五份合同一直到 1941 年 3 月 31 日才终止。像刚才讨论的立法一样,这些协定也是双方妥协的结果。在这五份协定下,工资并没有增长,尽管这些收入实际上能否跟得上通货膨胀速度令人生疑(见表 10)。在第一份协定中重新确认了八小时工作制和每周五天工作制,其他协定则确立了每日七小时工作制。煤炭经营者也有所收获,协定明确规定了雇主雇用和解雇的权利,对工厂场所的管理控制能力也普遍增强,管理层也充分利用了这一点。现在煤炭业也普遍接受了日益增多的政府介入现象。它一般设法同时满足工人和雇主。正是在这个时期煤矿工人安全问题又重新浮现出来。

6. 1940 至 1968 年的煤矿安全立法

随着 20 世纪 30 年代晚期二战的爆发以及相应的全世界对美国煤炭需求的增长,煤炭产量开始明显增加,矿难数量也开始增加。30 年代中期是 20 世纪发生矿难最少的时期,1933 年的事故中死亡 2 人;1934 年发生了 2 次矿难,22 人死亡;1935 年发生了 4 次矿难,死亡 35 人;1936 年发生 5 次矿难,37 名矿工失去了生命。但在 1937 和 1938 年,每年都会发生 6 起矿难,共死亡 185 人。

表 10 五份阿拉巴契亚协定生效起止日期和工资率

协议	生效日期	终止日期	吨煤工资	内部工人日工资
一	1933 年 10 月 1 日	1934 年 3 月 31 日	$ 0.65—0.48	4.60
二	1934 年 4 月 1 日	1935 年 9 月 30 日	0.75—0.56	5.00
三	1935 年 10 月 1 日	1937 年 3 月 31 日	0.84—0.64	5.50
四	1937 年 4 月 1 日	1939 年 3 月 31 日	0.93—0.72	6.00
五	1939 年 4 月 12 日	1941 年 3 月 31 日	0.93—0.72	6.00

数据来源:西弗尼吉亚州收债机构、煤炭工资协议、西弗尼吉亚大学图书馆。

7.《联邦煤炭安全法案》

1939 年 5 月 16 日,在第 77 届国会上参议院提出了 2420 号议案,目的是为了拓展联邦的煤矿监察权。参议院先召开了广泛的听证会,随后通过了该法案。但众议院矿山和采矿委员会在 1940 年并没有提交该法案,从而使该法案半途而废。1941 年法案又以众议院 2082 号议案的名目起死回生,矿山和采矿委员会以迅雷不及掩耳之势把法案提交给那些以前对之无感的议员,根本不给他们考虑的时间。委员会对采矿业的评价如下:

> 调查显示,在各州间并没有统一的安全标准,也没有统一的规制,除此之外,对规制也没有统一的有效执行措施。联邦矿务局的管辖权也受到严重限制。实际上,不经矿主的允许它无权进入煤矿地下工作场所,只有经过邀请才能进入。它也无权公开调查结果,也不能直接或间接提出改善工作条件或给其指出错误的建议。
>
> 为了加强国家机构的工作,众议院 2082 号法案考虑拓展和扩大联邦矿务局的权力。从何种意义上讲,这都不是规制。它仅仅是授权矿务局,通过矿务局代表对煤矿地下矿井进行检查,并能够公开它的调查结果和建议。这些检查可以是年度检查,或者必要时随时检查。检查由地方州政府机构协同进行,所以也不存在篡夺州权力的问题。(美国众议院,1941,n. p)

根据矿业和采矿委员会的建议,众议院于 1941 年 3 月 13 日通过了 2082 号法案,随后不久参议院批准了该法案。1941 年 5 月 7 日,第 77 届国会正式颁布了第 49 号公法,即我们熟知的联邦煤炭安全法案或煤矿监察和调查法案。矿务局自己在对美国煤矿事故记录的评估中对这些大规模死亡所带来的影响做了很好的总结:“形势如此严峻,要想使这个国家的采煤业避免成为国家耻辱、世界丑闻的话,必须对此进行认真反思,迅速采取行动,因为矿工的生命就是被这些麻木和无情给断送掉了。”(Wieck,1942,6)

当最初的煤矿法案被通过时,很容易对 1940 年和 1910 年的煤炭业情势进行比较。首先,无论国内或国外战争的影响都完全取决于工业生产能源对煤炭的依赖度。其次,因为需要稳定的劳动力来源以及剩余劳动力的普遍减少,UMWA 发现它自己有时并没有谈判权。很多华盛顿政客已经厌倦,有时甚至对这些组织化的劳工所拥有的新权力怀有几丝恐惧。例如,来自纽约州的众议员马丁·J. 肯尼迪,在 1939 年对 UMWA 罢工威胁的反应就是:

这是我们民主社会的悲哀,劳工沙皇坐着豪华轿车,住着奢华酒店,以地铁停运和停止食物供应为要挟,向我们公民生活发出威胁。民主已经在德国遇到挑战,现在开始轮到我们了。民主要想证明自身的正当性,它就必须行动起来。对于约翰·L.刘易斯所带给我们纽约市人民的灾难,美国政府要想证明自己,就要对此即刻采取行动。(美国国会,1939,1589)

对 UMWA 的武装活动采取法律措施在整个 20 世纪 40 年代都在进行,但最终大部分解决问题的方案都是相互妥协的结果。

最后,UMWA 和烟煤业界不断发展的合作关系也推动了 2082 号法案的迅速通过,这种合作关系是由约翰·L.刘易斯在整个 30 年代精心培育出来的。工会领导层和煤炭经营者双方基于现实考虑而提出了这种安排,这个现实就是他们都必须知晓,为了稳定烟煤工业,双方必须走到一起,烟煤工业在行情不好的年份已经遭受价格下跌和无利经营的双重痛苦(Golden and Ruttenberg,1942,295—297)。为了立法他们走到了一起,一起向矿业和采矿委员会表达相似的观点,要求关注烟煤开采问题。安全问题就是其中一个,经营者只是进行了象征性的抗议。最终,在新政期间对拓展政府规制权的接受也为立法铺平了道路,尤其是所提法案的本质和条件并没有改变煤炭工业的经济结构。

1941 年联邦煤矿安全法案赋予了矿务局以进行"年度或必要时随时检查和调查"的权力。在矿务局的健康和安全部门成立了一个煤矿检查评估机构来执行这部法案。国会给其批准了大约 72.9 万美元的预算,用来支付最初 107 名联邦检查员、5 名煤矿电力工程师、5 名煤矿爆破工程师以及 14 名行政办公室人员的费用。这个机构遇到了重重障碍,原因在于他们无权制定全面的煤矿安全准则,或者说他们没有取得内政部长的授权。然而更重要的是,正如委员会报告所说:

法案并没有考虑到联邦检查制度的建立取代或重复了地方安全机构的工作,这些州已经建立了他们自己的很多检查机构,但反过来说,最终它们也能够同这些地方机构进行充分彻底的合作,这样也就不存

在所谓叠床架屋的问题。(美国国会,1941,2241)

这就意味着大多数州将会维持现状,即使这些现存的官僚机构在过去一事无成。考虑到诸多限制,法案中的进入权实际上也没什么意义。因此,尽管 1940 年的调查显示联邦和州煤炭开采法律有很多不足,但国会仍拒绝给予执行权,虽然这对执行一个有效的安全项目很有必要。在联邦煤矿安全法案的无用条款下,联邦检查员的负面作用在于它延续了 30 年前依据组织法建立的矿务局所一贯的花瓶形象。

无论是矿工工作环境,还是重大矿难事故,抑或是死亡或损伤数,1941 年立法都没有对其产生显著影响。通过法案实施前五年的年平均数和实施后五年的年平均数相对比,可以发现立法根本没有起到什么效果(见表 5 和表 7)。在前五年,年均 4.8 起事故,间接死亡 104 人,总共死亡 1265 人,60597 人致残。在后五年,年均 6.4 起事故,间接死亡 108 人,总死亡人数 1311 人,62647 人损伤。[4]

8.1946 年联邦安全守则

死亡和损伤率清楚地反映出法案的缺陷和不足,煤矿工人的不满很快又聚集起来了。二战期间,为确保安全工作条件,煤矿工人继续与雇主抗争(Nyden,1978,29)。战后抗争逐步升级,1946 年,UMWA 和烟煤行业的谈判陷入了僵局,一场大罢工即将上演。

为了避免全国性危机,杜鲁门总统在 1946 年 5 月 21 日签署了 9728 号行政命令,要求内政部长朱利叶斯·克鲁格(Julius Krug)接管并运营所有因罢工而关闭的煤矿,因为煤矿关闭对国家经济会造成很大威胁。5 月 21 日,克鲁格为完成这项使命采用了各种措施:首先,他接管了煤矿,给每个涉及为美国而运营管理的煤炭公司指派了总裁,这个行动显然是对煤炭业的支持,因为它重新确认了行业现存的权力关系。其次,他设立了煤矿管理办公室,由他亲自领导。再次,他建立了煤矿管理副手办公室,指定本·莫里尔(Ben Moreel)中将负责该办公室。莫里尔的职责主要是实施 9728 号行政命令。最后,副手办公室被要求建立部门和地区组织,以观察和指导煤炭业的活动,如有必要强制执行。这个部门被美国海军军官及招募人员所充斥。

联邦施压给劳工组织使其回到谈判桌的行动是成功的,1946 年 5 月 29 日,签订了一份名为"克鲁格－刘易斯协定"的合同,一方是内政部长克鲁格,他是以国家煤炭管理者的身份签署的,另一方是刘易斯。条约规定了在政府接管期间矿工就业的条款和条件,并向工会保证矿务局局长将签发一个适合煤矿安全实践的安全标准和规制的行为准则。根据协定,将在同煤炭从业者双方代表组成的一个委员会协商后发布该行为准则。委员会双方代表一方是 UMWA,一方由煤矿管理方的一名代表组成,这名代表由在职的矿务局长担任。1946 年 7 月 24 日,矿务局签发了美国烟煤和燃火矿联邦安全行为准则,该准则只在政府控制的矿中实施。不幸的是,除去联邦运营的短暂时期,煤矿安全行为准则只是作为联邦检查员的指导原则,是否遵守完全凭经营者自愿。

法律的另一个意图是改善工作环境,为煤矿管理局的全面监察提供法律支持,由管理局对矿区的医院、医疗设施及住房情况进行监察。也是在1946 年,美国政府转而帮助 UMWA 建立了一个健康和退休计划,它由一个权利金制度进行资助,该制度由煤炭经营者在产量基础上进行评估。(这项安排的意义在于强化了 UMWA 官僚体系和煤炭业界的联系,在下一章将对此进行讨论。)

1947 年,就在联邦机构欢呼已迅速扭转安全问题时,伊利诺利森特勒利亚(Centralia)煤炭公司所属的森特勒利亚 5 号矿井发生了爆炸,爆炸夺去了111 名矿工的生命。悲剧就发生在联邦政府严加监管的时期,这也严重损害了联邦政府的信誉,因为联邦政府一直努力试图建立严格的安全标准。这起事故也导出了一场精彩的政治大戏:

> 森特勒利亚大爆炸给了许多国会议员一个机会,使他们能够继续沉迷于他们所擅长的作秀活动。这些议员冲出华盛顿,群情激奋,共和党人哭喊着"官僚主义",民主党人叫喊着"权术"。新罕布什尔州共和党参议员斯泰尔斯·布里奇斯(Styles Bridges)趁此严厉抨击内政部长 J. A. 克鲁格。参议员说,部长是一个"傲慢自大的官僚主义者",他根本无心执行煤矿安全准则,他对竞选美国副总统更有兴趣。(如往常一

样,约翰·L.刘易斯更是中肯扼要:他说克鲁格"谋杀"了森特勒利亚矿工。)阿尔本·W.巴克利(Alben W. Barkley),肯塔基民主党人,在为民主党政府辩护时说,一年前在肯塔基贝尔瓦(Belva)矿发生的一起爆炸事故(该事故造成了 25 名矿工死亡),当时"也没谁在那儿哇哇乱叫"。自此以后,联邦政府也不再直接经营煤矿。(Jackson,1982,117—118)

不幸的是,这些政客口惠而实不至。例如,在森特勒利亚矿难之后参议院迅速批准一个方案,呼吁公共土地委员会来调查这个事故,但只给批准了5000 美元的调查经费。

1947 年 8 月 4 日,第18 届国会颁布了 328 号公法,要求煤炭经营者及各州采矿业者严格遵守矿山安全规程,这个要求一年内有效。这个法案把安全执法的责任放到了州的头上,如 1947 年参议院在关于该法案的报告中所言:

> 因此,国会干脆把评估煤矿安全的负担甩给州政府,让他们来保护地下工人的安全,直到国会有机会全面了解该问题。显然,如果州政府不能保护矿工的安全,国会将会采取进一步行动。(美国国会,众议院,1969,6)

各州对此的反应也映照出了这个法案起不到什么效果。当各州被要求汇报他们遵照矿务局建议的情况时,只有 17 个采煤州(多数是北方州)完全汇报了;有 2 个州进行部分汇报;有 7 个州根本没有汇报。只有33%的经营者遵守了同样的要求。国会又发布了一纸空文,由于没有惩罚条款,这个法案年内就失效了。

1948 年,开始引入连续采煤机,这大大拓展了烟煤经营者的产能,同时这也大幅度削减了对劳动力的需求。塞尔策写道:

> 连续采煤机开始替代打钻放炮的方法,后者需要好几个机器和很多工人。通过从工作面直接切煤,连续采煤机也缩短了吨煤开采所需的时间,减少了劳动力需求。一个 10 人的连续采煤机产煤量相当于手工装载方式 86 个人产能的三倍,又相当于机器装载中 30 个人产能的一

半。吨煤劳工力成本手工装载是 3.28 美元,而机器装载是 1.64 美元,连续采煤机则是 1.01 美元。手工装载的吨煤总成本是 5.28 美元,机器装载是 3.79 美元,连续采煤机是 3.16 美元。(1985,65)

在接下来的 20 年中,同其他革新一样,连续采煤机使用者的增加以及相关技术的改进导致 30 万矿工失去工作。所以说,20 世纪 40 年代后期如果有 3 个人在工作的话,那么到了 60 年代后期就只需要 1 个人工作。UMWA 在 50 年代的决定又加剧了就业减少的状况,工会成功地使大型机械化矿井工人的工资得到上涨,但这也导致很多小公司关门,使工人永远地失去了工作机会。(Bell,1960,211)

9. 联邦煤矿安全法案(1952 年)和美国烟煤经营者协会

在 1949 和 1950 年这两年,出现了 20 世纪首次连续两年全国无矿难现象,死伤率也是连续四年下降(见表 7),人们的乐观情绪也在增长。正在联邦的自信心刚刚上涨之时,1951 年 12 月 21 日在伊利诺伊州西法兰克福(Frankford)的 2 号矿井又发生了一起爆炸,有 119 人死亡,这也彻底摧毁了人们的乐观情绪。由此而引发的辩论也愈加激烈。那年夏季对该矿的一项检查就显示瓦斯浓度很高,当时检查员给出的建议是对那些甲烷浓度过高的矿井进行封存或者加大通风,但公司对此置若罔闻。刘易斯将此归咎于华盛顿的政客:

> 我只希望这些一直阻挡颁布赋予矿务局执行权的国会大员们能亲自到这里看看,看看这些死难矿工可怕狰狞的面容。我肯定他们会寝食难安,只要他们还在领取他们作为国会议员的工资,他们就应当允许矿工继续生存下去。(Jackson,1982,212)

一开始,有人可能会说,是这次事故及之后的反应促使第 82 届国会在 1952 年颁布了第 552 号公法——联邦煤炭安全法。但显然还有其他因素。

影响这项立法通过的最重要变量应是 UMWA 和主要煤炭公司更加亲密

的关系。这之间的关键人物是约翰·L. 刘易斯和匹兹堡与固本煤炭公司总裁乔治·洛夫以及被认为对烟煤经营者协会(The Bituminous Coal Operators' Association,简写为 BCOA)的发展有贡献的个人。1950 年,BCOA 成立后,它很快就支配了整个煤炭业,直到今天都是如此。从一开始,BCOA 就基本上代表了最大经营者的利益。实际上,BCOA 的投票权是按照各公司的产煤量来分配的。通览 BCOA 的政策规定,就是最大的几家煤炭公司开始把小公司逐出市场,以增加他们的市场份额。在 1950 至 1970 年间,四个大公司的市场份额从 13.4% 增长到 35.9%。在同一时期,小公司的年市场份额从 20.7% 跌到 7.3%。(Griffin,1972,114)

虽然 UMWA 和 BCOA 有其区别,但它们之间也常常相互帮助。例如,通过对最重要的工资增长的支持,BCOA 允许 UMWA 刘易斯及后来的托尼·波义耳所领导的领导层来安抚他们的支持者,与此同时再设立工资标准,使许多濒临破产的公司被迫关门,特别是南方的很多小公司。有好几次,UM-WA 允许 BCOA 公司减少工会养老金,以缓解他们的资金困难或留给他们更新设备。公允地说,这个协定是约翰·L. 刘易斯终其一生所倡导的经济工联主义的逻辑延伸。

1952 年煤矿安全法的颁布与其有什么关系呢? 我们可以参考一下德克萨斯州众议员在 1952 立法辩论中所做的评论:

> 这个法案不仅仅是由矿工联合会所发起,还有一些大煤炭经营者也参与进来。为什么? 他们通过这项立法所进行的权力联合是为了增大他们的权力。约翰·L. 刘易斯想把工会覆盖到每一个不想交工会费会的每一位矿工。大矿主想通过关闭这些差矿来减少他们的的竞争。(美国国会,1952,8950)

卢卡斯(Lucas)众议员也间接提到了这项立法条款下所需安全设备的成本问题,它远远超出了中小型煤矿的资金能力。尽管这个法案的最终版本把雇员少于 15 人的小矿排除在标准之外,但显然它也把中型矿置于资金困境中,这在客观上也帮助了大矿,使它们对市场的控制力更强。1969 年煤矿健康和安全法案要求所有矿都要遵守联邦标准,而这将导致煤炭业的集中度进一步提高。

无疑,1952 年联邦煤矿安全法案大大拓展了联邦的权力,但显然还有很多问题没有解决。杜鲁门总统在其签署这项法案成为法律时这么评价说:"对于指导如何防范发生那些骇人听闻的地下矿难事故,这个法案走出了重要一步。尽管如此,法案还是没有达到我的建议目标,我建议国会要去解决这个领域里那些最急迫的问题。"总统然后点出了这些缺陷:

1. 只要井下矿工人数少于 15 人的煤矿就被排除在任何矿井安全标准之外,而不管其是否可能发生矿难危险。

2. 把预防矿难这一阶段的责任都交给州政府,而不看州在过去是否有能力或者是否意愿来承担这一责任。

3. 这部法案有很多安全责任的免责条款,特别是只要更新了导致最近几起重大矿难的危险电力设备和违规通风系统就可以免责。

4. 在有关检查、申诉以及延缓指令等方面,法案规定了复杂的程序条款。对于那些负责法案执行的管理机构来说,我相信根本不可能执行,即使可能,那些条款执行起来也会变得极其困难。

尽管有上述缺陷,1952 年法案仍取得了一些积极的进步。例如,在第二类矿井(就是那些少于 15 人的矿)中,如果存在即刻的危险,联邦检查员有权停工并撤出工人。检查员也可以传讯那些安全条件糟糕的经营者,如果公司不在合理的时间内整改的话,联邦官员有权关闭煤矿。

然而最终来看,1952 年煤炭法案所制定的"那些煤矿安全条款是为了防止重大矿难的发生"(美国国会,1952,8964)。事实上,国会报告也专门提到,立法只是为了所有矿难死亡中 10% 的那部分人,只是为了防止那些 5 人及 5 人以上的矿难。剩余的 90% 的伤亡者被归入到了非矿难伤亡类别中,那是州的责任,与联邦无关。

10. 1966 联邦煤矿安全法修正案

从 20 世纪 50 年代到 60 年代早期,为消除杜鲁门所指出的那几条缺陷,联邦政府进行过多次立法努力，但没有成功。这几次努力的主要目标是去除掉那些排除条款，即联邦执法中把那些 15 人以下的小煤矿排除在外。1960 年，参议院通过了那样一个条款（第 743 号条款），但最终没能得到众议院的批准（美国国会，1960a，8710—8712）。该条款没能通过是典型的政治斗争的结果，很多意图很好的法案最后都死于参众两院的政治斗争。众院谢勒（Scherer）先生的一段话也说出了很多议员的心声：

> 议长先生，在最后一天第 86 届国会快要闭会的时候，没有任何辩论，就企图以全体一致的方式在众议院通过 S743 法案，我表示坚决反对。这项立法很重要，但那些反对者的声音也有权被听到，而非迫于参议院压力在几秒钟内就强行在众议院通过。（美国国会，1960b，18758）

1963 年 4 月，肯尼迪总统任命一个煤矿安全工作组检查当前的采矿法案并提出相关建议，以进一步减少矿难事故发生率。工作组在 1963 年提交了它的报告，除了要改变管理体制之外，还特别提出要废除掉 1 类矿井免责权，并在 1952 年法案下进一步强化执行权，废除掉 1952 年法案中的一些保留条款，这些条款允许使用在法案颁布之前所采购的一些老旧电气设备。

随着联邦煤矿安全法案修正案（公法 89 - 376）的通过，工作组的建议在几起重大矿难的推动下也被部分采纳，成为法律被颁布出来。这次修正的主要条款包括：

1. 废除了井下雇员不超过 14 人的 1 类矿井的排除条款；

2. 弥合执法权的差异；

3. 要求矿务局长通过正式协议或其他形式与各州展开合作；

4. 与各州合作，扩大与强化煤矿安全教育项目；

5. 给予各州 50 万美元补助金；

6. 指示内政部长展开研究，看看当前联邦安全要求是否充分，并在一年内向国会提交一份报告；

7. 要求内政部长必要时召集会议，使那些受法案影响的人熟知相关安全条款，尤其是 209 条款中的安全要求。

尽管1952年联邦煤矿安全法案及1966年修正案减少了重大事故发生率,但它是否全面降低了死亡率仍是个疑问。实际上,全国烟煤矿的死亡率波动很大:年均死亡率在1952年最低时为每20万工时0.18人,而在1968年达到最高点0.27人,有300名以上矿工死亡(见表11)。然而如果专看井下死亡率,则情况没有任何改善。

尽管在综合伤亡率上有所改善,但也是好景不长,尤其是在20世纪60年代。实际上,1960年是这十年来综合伤亡率最低的一年。也有人说,综合伤亡率的下降与1952年煤炭安全法案无关,它与煤炭开采过程发生根本性变化有关。连续采煤机使工人远离事故多发的工作面,这也进一步减少了对炸药的需求。装载设备的改进也减少了伤亡数,最后,这一时期露天矿的数量也大大增加(正如后面所讨论的),露天开采的低伤亡率也拉低了综合伤亡率。

因此,煤矿事故持续发生,许多人就批评说正是煤矿安全法案对那些不遵守强制安全条款者缺乏民事及刑事惩处手段才导致了矿务局无力改善工作条件。有人就想改变这种状况。在1966年修正案第六条中,内政部长被要求进行调研,以评估联邦煤矿安全法案的监管是否充分。1967年3月,他向国会初步提交了一份名为"当前联邦煤矿安全法案及修正案安全要求的充分性"的综合报告,该报告对法案提出了很多提升安全条件的的修改建议。经过进一步研究,1968年内政部长以提案的形式向第90届国会提交了一份最终报告,该报告名为"1968年联邦煤矿健康和安全法案"。该法案意在:

1. 把联邦执法权拓展到煤矿工作面这一死伤多发地,同时还修正了18条其他安全条款,当前法律遗漏了这些条款。

2. 废除了"祖父条款"①,该条款允许使用老旧及不安全的电气设备。

---

① "祖父条款"是一种规定,它说的是某些人或者某些实体已经按照过去的规定,从事一些活动,新的法规可以免除这些人或者这些实体的义务,不受新法律法规的约束,继续依照原有的规定办事。——译者注

3. 给予内政部长在必要时发展和签发安全标准的权力。

4. 由健康、教育和福利部长改进健康标准，以减少煤尘疾病所带来的人道灾难，内政部长据此签发健康标准，并予以执行。

5. 对那些不遵守法律条款者施以有力有效的制裁；对那些故意违反者施以刑事处罚及高额罚金；对那些止步不前者施以民事处罚及强制令，以终止那些不安全行为。

6. 使露天矿不要游离于法律之外。

7. 创造简洁简单的执行程序，以求迅速改变这些危险的工作条件。

一直到第二季的最后几个月，法案也没有实施，国会也开始休会。历史再次重演，就在国会立法失败后不久，西弗吉尼亚州法明顿孔索莱（consol）矿 9 号矿井就发生了爆炸。十天以后，该矿被永久封存，成为 78 名矿工无法逃离的葬身之地，人们对之徒唤奈何。在孔索莱矿难后不久，国会再次行动起来，结果就是 1969 年联邦煤矿健康和安全法案，下一章将重点讨论这个法案。

表 11　美国烟煤矿死伤率（1952—1969）

年份	死亡率	受伤率	综合死伤率
1952	0.180	9.530	9.708
1953	0.178	9.052	9.232
1954	0.198	8.732	8.930
1955	0.192	8.552	8.744
1956	0.204	8.598	8.804
1957	0.234	8.748	8.982
1958	0.228	8.394	8.622
1959	0.184	7.83	8.014
1960	0.226	8.17	8.30
1961	0.236	8.504	8.74
1962	0.23	8.576	8.802
1963	0.218	8.472	8.694

续表

年份	死亡率	受伤率	综合死伤率
1964	0.188	8.384	8.572
1965	0.216	8.66	8.874
1966	0.198	8.36	8.556
1967	0.186	8.288	8.472
1968	0.274	8.178	8.452
1969	0.168	8.288	8.456

数据资源:矿山安全健康管理局 1981b,10。

注:每 20 万工时的比率

11. 总结

　　这两章我想阐明的是:尽管在 20 世纪所实施的这些煤矿安全法案的形成都各有其社会历史背景,但也存在某些共性。这并非说存在着一些能够预测法律出现的固定方程公式,而是说某些自然、社会、经济以及政治因素在不同程度上对于解释这些法律也很重要。

　　第一个也是最明显的共性就是,在重大矿难事故之后国会就会迅速通过煤矿安全法案。最初用来解决矿难问题的 1910 年组织法颁布之前的 5 年内发生了 85 起矿难,夺去了 2640 名工人的生命。在 1941 煤矿检查调查法案(The Coal Mine Inspection and Investigation Act)颁布的前一年,共发生了 6 起重大事故,造成 276 人死亡。1946 年联邦煤矿安全守则颁布的前一年,发生了 5 起矿难事故。该守则在森特勒利亚矿难之后又进行了修订,这次矿难死去了 111 名矿工。1951 年 12 月 21 日的东方矿井爆炸宣称有 119 人死亡,这也直接催生了 1952 年联邦煤炭安全法。这之后一直到 1966 联邦煤矿安全法修正案通过时,除了在 1964 年没有发生矿难外,共发生了 5 起重大矿难。1969 年联邦煤矿健康和安全法案的通过则是源于 1968 年孔索莱 9 号矿井爆炸事故,这起事故造成 78 名矿工遇难。

　　但是单以此理论并不能解释煤炭法案的出台。这么一个过分简单化的理论说明大大低估了事件背后的力量。实际上,正如我们所见,也有无数类

似的悲剧发生,尤其是在 20 世纪二三十年代,但它们并没有催生法律的
出台。

　　第二个共性因素就是这些安全法案出台时所处的经济背景。这个经济
背景包括全国经济状况和行业经济状况,它们决定了安全立法能否出台。
1910 年,美国经济的增长催生了煤炭以及整个行业的繁荣;1941 年,战争又
使煤炭业恢复了生机,在这之前已经经历了数年的大萧条;1947 年,煤炭对
于国家经济的重要性又显现出来,这也直接促使了杜鲁门总统不断地将煤
矿收归国有;1968 年(很快就会谈到),在经历了整个 50 年代及 60 年代早期
的沉寂后,煤炭业再次兴旺起来。有人可能会说当产量上升的时候政府更
容易接受这种法律,但这种想法相当天真。相反,联邦行动的目标在于维系
一个稳定的劳工队伍,这也是第三个重要因素。

　　对于劳动力以及与这些法案相关的活动有两种说法。第一,法律是在
工作得到保障时起草的,这时需要大量矿工。这点在二战后表现得尤其明
显(见表 9)。这种情况下经营者显然更愿意妥协,以确保生产能够持续。分
析表明,在刘易斯时代,UMWA 之所以能够与生煤业签订合约,就是因为该
行业的煤炭价格和就业都处于稳定状态。

　　第二,罢工并非经常发生于经济困难时期,实际上常常发生于经济状况
较好的时期,这与人们的一般认识有所不同(见表 12)。工会组织的契约矿
罢工经常使煤田生产陷入停顿,但 99% 以上的停工都源于自发性罢工,它们
常常无视工会的权威(Nyden,1978,79)。在就业减少时期反而没有发生罢
工,大部分罢工都发生在国家经济相对繁荣和行业发展相对稳定的时期,这
时的煤炭需求量往往很大。相反,在 1910 至 1930 年这 30 年间以及 1952 至
1967 年这 15 年间的经济衰退期并没有相关法律出台。

　　的确,这个立法过程涉及其他诸多社会和政治因素,但最重要的因素依
然是矿难事故和煤炭业的经济状况。就单个要素来解释矿山立法都失于简
单和简陋,需要将其置于整体的社会经济关系之下,把社会和经济作为干扰
变量来检视它们两者的影响,这样才能看得透彻。我当前的分析逻辑就是
基于以下命题:

　　　1.采煤一直是美国最危险的职业。所有矿工对死伤早已习以为

常,并把它看作这个职业的一部分。

2.在需求旺盛时期,产能增加将会导致死伤率的同步上升。有两个因素可说明这一现象:①对当前劳工的额外压力导致产出增加;②新的无经验工人被介绍进来。这两点可以解释为何对矿井工作场所的安全重视不够。

3.劳工要求增加工作的安全保障,而这也使经营者更容易屈从于矿工罢工的压力,必须在最后期限之前满足这些要求。

4.产能增加也导致矿难几率增加。采煤业是个致死性行业,这一痼疾很难有效根除,矿难就是活生生的证明。矿难也使工人迅速采取罢工和怠工行动进行抗议,有时甚至到国会请愿。

5.工人抗议导致煤炭减产,整个社会尤其是工业都赖此生存。久拖不下的抗议最终导致经济危机。

6.政府运用法律(比如这个案例中的安全和健康法案)来平息劳工们的怨气,以此来解决这些潜在的危机。煤矿安全法案从来都没有解决或改变煤炭开采过程中的危险性本质,因为需要花钱,对于很多工业资本家来说这是一笔巨大的开支。

表12　美国烟煤行业停工事件(1945—1969)

年份	日均男性劳工数量	参与罢工矿工数量	劳工罢工者比率	停工次数
1945	383100	581000	1.52	598
1946	396434	834000	2.10	485
1947	419182	490000	1.17	415
1948	441631	582000	1.32	561
1949	433698	1130000	2.61	421
1950	415582	165000	0.40	430
1951	372897	213000	0.57	549
1952	335217	472000	1.41	560
1953	293106	130000	0.44	392
1954	227397	81900	0.36	208
1955	225093	77500	0.34	292

年份	日均男性劳工数量	参与罢工矿工数量	劳工罢工者比率	停工次数
1956	228163	84800	0.37	266
1957	228635	46400	0.20	161
1958	197402	29700	0.15	136
1959	179636	64000	0.36	146
1960	169400	37200	0.22	120
1961	150400	25100	0.17	117
1962	143800	34300	0.24	121
1963	141822	38000	0.27	131
1964	128698	56800	0.44	111
1965	133732	62600	0.47	145
1966	131752	88100	0.67	160
1967	131523	62900	0.48	207
1968	127894	206400	1.61	266
1969	124558	206000	1.65	457

数据来源:美国劳务部,转引自奈登,1978,36。

　　总之,迄今为止我们所检视的法案都试图解决这些危机及矿难中的问题。当下,工人罢工和公众对矿难的关注对于政府合法性影响甚微,但这些问题如果不解决可能导致更深的政府合法性危机及经济危机。政府需要引入新的法律以解决当前的困境,煤矿安全法案既要使工人满意,也要使大众满意;事情又归于常态。但常态这个词在这儿是指采煤过程的不安全性,死伤依然继续。这儿所说的煤矿立法对劳资双方的经济关系也没什么改变。比如1952年法案,它通过消灭众多小公司而在实际上抬升了那些大公司的地位。

　　悲剧的是,这一直是煤矿立法的固定模式。法律只是被用来平息那些来自矿工及其他各方批评的工具。它也严重弱化和限制了煤田中联邦机构的权力。因此,这些机构在改善矿井工作条件方面也一直是碌碌无为。显然,在1969年联邦煤矿健康和安全法案中政府又运用了这一策略。

第五章
1969 联邦煤矿健康和安全法案

 1969 联邦煤矿安全和健康法案的情节人们是再熟悉不过了。1968 年 11 月 20 日,一声剧烈爆炸声在蒙塔尼耶(Mountaineer)煤炭公司响起,这家公司位于西弗吉尼亚的法明顿,属于固本煤炭公司。在发生事故的孔索莱 9 号矿井,有 99 名矿工葬身地下,只有 14 名矿工得以逃生。1968 年 11 月 30 日,历经多次救援和以三名联邦检查员的牺牲为代价,最终井口被封死,通过隔断空气进行灭火,以防止二次爆炸。

 人们之所以对法明顿矿难那么关注主要基于以下三点:首先,孔索莱 9 号矿井是个有名的死亡矿井。1954 年该矿就发生过一次爆炸,夺去了 16 名矿工的生命。这次封井又把遇难者葬身地下。其次,尽管政府记录显示,该矿井多次违反联邦法规,比如甲烷气严重超标,但联邦监管机构几乎很少要求该矿整改(Finley,1972)。人们本来就认为政府漠视矿工的困境,在法明顿矿难之前的几个月,政府的这种形象更加不堪。此时,约翰逊政府颁布了联邦煤矿安全和健康法案,但国会显然对此并不感冒,第 90 届国会也没有处理该法案。最后,由于三名联邦检查员也在救援中丧命,这也加重了人们对煤矿工作危险性和不可预知的认知。这些死亡以及之后没有追查原因就匆匆封井,使一些批评者质疑矿务局处理这种危机事件的能力。

1. 法明顿矿难的影响

 不出所料,法明顿事故使采煤业再次进入公众视野,继而触发了一系列连锁事件,并最终导致了 1969 联邦健康和安全法案(The Federal Coal Mine Health and Safety Act,简称为 FCMHS 法案)的通过。孔索莱 9 号井矿难也成为了一个跳板,很多在过去久拖不下的改革在这次矿难后得以解决。很多组织(比如 1969 年 1 月成立的黑肺病协会)也得以成功地呼吁矿工采取大规模自发性罢工行动。比如在 1969 年 2 月和 3 月就有大约 45000 名西弗吉尼亚矿工在没有工会支持的情况下参与了黑肺病协会的大罢工。这次罢工行动也导致了西弗吉尼亚通过了历史上第一部黑肺病赔偿法案。黑肺病运动在华盛顿的主要发言人是肯·赫克勒（Ken Hechler），他是来自西弗吉尼亚的众议员。赫克勒所推动的全国运动也把安全问题再次推到了国家政治聚光灯下。然而同样重要的是赫克勒对 UMWA 官僚们的批评，他批评 UMWA 在健康和安全领域无所作为。

尤其激怒赫克勒及其他人的是美国矿工联合会总统 W. A. 托尼·波义耳（W. A. Tony Boyle）在法明顿矿难现场所发表的言论。事故发生次日，波义耳为矿主辩称："只要煤炭在开采，危险就不可能消除"，还称"只要涉及协作和安全问题"，固本煤炭公司"肯定是工作起来最好的公司之一"（Finley，1972,233）。这种死亡宿命论以及 UMWA 领导层同矿主之间沆瀣一气的言行惹怒了矿工，他们纷纷站出来从内部挑战工会权力结构。

FCMHS 法案在通过上取得成功的核心在于以下事实：所有这一切都发生于经济繁荣昌盛时期，煤炭业也得以从中获益。在 20 世纪 50 至 60 年代，由于铁路业转向柴油机车，由于天然气和石油等清洁能源取代了煤炭，家用取暖市场对煤炭的需求也急剧下滑。但是到了 60 年代中期，由于火力发电对煤炭需求的增长，煤炭行业也开始谷底回升。值得注意的是，这个时期也标志着煤炭工业转型的开始，基本上从地下开采转向露天开采。

数年来矿工的低从业状况也开始改变。奈登说："到了 60 年代后期，矿工过剩的状况已经不复存在；二十多年来第一次，公司开始抱怨招工很难，员工队伍很难保持稳定。"（1978,26）1969 年这一年是采煤行业用工最少的一年，从业工人不到 125000 人（见表2）。这时矿工的年龄中值也开始降低，更重要的是，抗争的氛围开始弥漫于整个煤田。数据显示，年轻劳工更愿意去抗议，1968 和 1969 这两年罢工、停工事件急剧增长、层出不穷。抗争的矛头不仅面向矿主，还转向了 UMWA 权力阶层自身。尽管工会领导的契约矿罢工偶尔也会影响产能，但 99% 以上的停工是普通工人的自发性罢工，他们常常把那些工会官僚抛在一边。

工人的态度使工会领域及其领导层饱受挫折，因为自刘易斯时代开始，工会主席的命令就是法律，而无论其对错与否。二十年来，矿工饱受行业衰落的痛苦,而这些工会官员们(包括波义耳的女儿)的平均工资却是矿工平均工资的六倍之多。但是现在,随着产量上升到 40 年代中期水平,工人们再次体验到他们不再有丢饭碗之虞,于是又重复上一代矿工的模式,选择通过罢工来满足他们的要求。

2. 工会政治和乔克·雅布隆斯基

1968 年,约瑟夫·乔克·雅布隆斯基(Joseph Jock Yablonski)宣布竞选工会主席,反对把煤炭业当作波义耳的名利工具。这个新态度此时也就具有了政治意涵。但凡 1969 年的抗争运动,雅布隆斯基总要把矛头指向波义耳同资本家合作、工会在健康和安全领域无所作为以及波义耳团队的所谓罪恶行径。不幸的是,雅布隆斯基的进攻策略并不能击败波义耳苦心经营数年的腐朽体系。随着选举的临近,波义耳的政治机器用尽一切手段来阻挡雅布隆斯基的进攻。例如,挑战方人员对许多投票地点都不知晓,在华盛顿的工会官员也一再拒绝提供这些信息。即使他们知道一些地点,也没有足够的投票观察员来监督投票过程。那些响应拉尔夫·纳德号召充当观察员的学生也受到骚扰,或者被拒在投票所之外。最后,不断增多的暴力威胁使很多雅布隆斯基支持者不愿去投票。

1968 年 12 月 9 日,波义耳被宣布获胜。次日雅布隆斯基发表了讲话:

> 波义耳能够当选就是因为他挪用了数百万的工会财产用于他的选举,有 500 名以上的工会雇员被他用来当作全职选举助手,至少虚报了 1000 名吃空饷的工会新员工。如果劳工部承担起了它的责任,能够监督选举,被击败的应该是波义耳。(Armbrister,1976,178)

三周后的 1969 年 12 月 30 日,乔克·雅布隆斯基被三名男子谋杀。1971 年,美国地区法院法官威廉·B. 布莱恩特(William B. Bryant)以大规模选举舞弊和财政操纵为由宣布 1969 年 UMWA 的选举无效,并要求进行新的选举。在这次选举中,波义耳输给了阿诺德·米勒(Arnold Miller)。(后来,波义耳被判决谋杀罪,是他指使谋杀了雅布隆斯基。)对于煤矿安全来说,这场政治斗争的意义在于它使现在的 UMWA 管理者对健康和安全运动变得更加积极,波义耳本人也频频现身于国会山。

各种工会外的团体都在帮助矿工,使他们能够尽力去对工会领导层施压。这些团体包括 Nader 组织和很多个人,比如西弗吉尼亚州众议员赫克勒。对于这些批评者对工会会员的影响,工会管理者非常痛恨,骂他们是"职业造谣者"和"廉价煽动者"。UMWA 杂志中的这段引文就典型地反映出了工会的好斗性。对于那些希望帮助矿工进行立法斗争的外部团体,他们说:

> 美国劳工运动对那些麻烦制造者有一个短小精悍的称呼。我们称他们为工贼。工贼就是间谍、罢工破坏者,是告密者、密探。在我们的书中,凡是指控矿工工会工人及为他们鞠躬尽瘁的工会主席 W. A. 波义耳对矿工健康和安全无所作为的人都是工贼。(Finley,1972,257)

幸运的是,这些所谓的局外人依然在不懈努力。他们抨击联邦和州政府的健康和安全政策,通过新闻报道和其他媒体对当局公开施压。批评主要集中在两点:一是州对煤矿的监管不够;二是美国矿难数量与欧洲国家相比差距太大。

在 1952 年煤矿安全法中,联邦政府高度依赖各州来执行矿山规制。只有在发生矿难时或者当地州政府请求时矿务局才会介入。由于各个产煤州规制法规标准各有不同,各个州的矿工也就无法得到一样的法律保护。一些州甚至对于法律执行不提供任何财政支持。另外还存在州监管力度不够或监管程序落后等情况,危险状况存在数年而得不到解决。这些改革支持者所鼓吹的策略就是:他们证明这些过时的法规能够让矿山经营者继续开展业务,而无法保护矿工。

把积极立法的州和消极立法的州的安全记录一对比,这种主张就很容易得到证明。但显然支持对煤矿进行严格联邦规制的最有力证据是美欧之间安全记录的巨大反差(见表 13)。在超过 15 年的时间里,美国采煤业都没能够改善每十万班次的死亡率。欧洲不仅一开始就比美国安全,现在它们依然如此。严格立法倡导者的另一个证据就是欧洲国家很久之前就通过立

100

法解决了安全问题,比如英国在 20 世纪 30 年代中期就做到了这一点。

表 13　部分国家煤矿死亡率(1951—1965)

年份	比利时	法国	英国	荷兰	美国	西德
1951	0.45	0.36	0.34	0.26	1.11	0.68
1952	0.54	0.42	0.28	0.17	0.84	0.67
1953	0.66	0.41	0.25	0.2	0.85	0.64
1954	0.48	0.4	0.24	0.21	0.96	0.61
1955	0.32	0.34	0.27	0.15	0.91	0.61
1956	1.41	0.33	0.22	0.16	1.01	0.51
1957	0.36	0.45	0.28	0.12	1.17	0.49
1958	0.34	0.46	0.23	0.29	1.18	0.53
1959	0.33	0.43	0.28	0.2	0.94	0.54
1960	0.33	0.28	0.27	0.09	1.15	0.48
1961	0.44	0.32	0.21	0.2	1.26	0.5
1962	0.46	0.29	0.24	0.13	1.21	1.6
1963	0.52	0.25	0.24	0.15	1.16	0.51
1964	0.44	0.29	0.2	0.21	0.98	0.44
1965	0.44	0.36	0.24	0.19	1.22	0.45

数据来源:美国内政部、矿务局、1969 年 9 月 11 日劳工委员会听证会所提供的数据。
注:数据为每十万班次比率

因为当前残缺的法律执行体系和凄惨的美国矿山死难史已经成为众矢之的,所以州和联邦立法者趁势而起,迅速推动相关法案。1969 年 1 月 10 日,参议院劳工委员会宣布举行煤矿健康和安全立法听证。

3. 法律创制过程

1969 年 2 月 27 日,参议院劳工委员会就采煤业健康和安全条件改善问题举行公开听证会。在第 1 次会议上讨论了四个法案:①参议员伦道夫(Randolph)于 1969 年 1 月 16 日提出的 S355 号法案,它也代表着即将卸任的约翰逊政府的观点。②参议员伦道夫在 1969 年 1 月 21 提出的 S467 号法案，该法案被整合到 UMWA 建议中。③参议员威廉姆斯在 1969 年 2 月 19 日提出的 1094 号法案，此处被称为赫克勒法案，因为它是众议员赫克勒所提法案的配套法案。④参议员威廉姆斯于 1969 年 2 月 25 日提出的 S1178 号法案。后来在听证过程中，又有 6 个版本的健康和安全法案被提出来讨论，包括代表尼克松政府立场的 S1300 号法案，以及后来成为正式公法（91 – 173）的 S2917 号法案，即 1969 联邦煤矿健康和安全法案。

众议院委员会则是在 1969 年 3 月 4 日展开行动，在劳工委员会举行了 2 个法案的听证：HR4047 号法案和 HR4295 号法案。前者是有关改善采煤业工人健康和安全条件的法案，后者只是关注如何消除由于粉尘吸入所带来的健康危险。到了四月份，HR7976 号法案也被拿到会上进行讨论。讨论一开始就围绕伦道夫参议员所提的 UMWA 提案展开了激烈论战。与其他法案相比，UMWA 起草的这个法案尤其显得软弱无力。听证会的一份报告这样记述：

> 矿工联合会又在调戏采煤业吗？工会已私下同意将待决法案中的健康和安全部分拆分成两个法案。来自西弗吉尼亚州的参议员詹宁斯·伦道夫（Jennings Randolph）宣布了这个奇怪的法案，而他正忝列于参议院劳工委员会中的一员，正是这个委员会将要通过煤矿安全法案。
>
> 在美国内政部所起草的法案以及西弗吉尼亚众议员肯·赫克勒所提的另一个更严格的法案中，健康和安全问题都是被合并处理的。对此我们认为这很正常，确切地说理应如此。塌方与黑肺病一样危害健康，而黑肺病与塌方一样不安全。健康和安全的危险一起使煤矿成为了"最危险和最易致残的职业"。因此，尽管有 1952 煤矿安全法案和 1966 年修正案，危险依然持续不止。随着 1968 年 11 月份法明顿矿难有 78 名矿工葬身井下，公众良知又被炸醒，舆论氛围开始支持进行彻底改革。采煤业也不允许再进行渐进式改革。只有将这些煤矿中的生命魔咒图片贴在国会大门上，他们才会做到"生命至上，利润第二"。（《圣路易斯邮报》，1969 年 2 月 13 日）

　　对每个法案进行深入分析都能得到一些启发,但在许多重大问题上它们实际上没什么不同。(需要指出的是,所有法案都大大扩充了联邦政府的权力,使很多联邦执行机构得以迅速扩张。)因此,我们主要看看这些提案之间有什么大的不同。

　　首先,所有法案都要求改变1952年煤矿法案所建立的执行体制,这个法案让矿务局负责执行。除了众议员赫克勒所起草的法案(S1094)之外,其他主要的提案也都要求把执法权从矿务局转到内政部。1969年法案没有采纳赫克勒的建议,把执法权赋予了内政部,但是1977年修正案又把内政部执法权转到了劳工部。

　　其次,尽管所有提案都有民事处罚条款,但处罚金额却各有不同。比如S1300提案(尼克松政府的提案)没有罚金下限,而是设置了1万美元的上限。相反,赫克勒提案把罚金设置在1000至20000美元之间。(除此之外,赫克勒法案还要求对违反健康和安全法规的矿工进行罚款,这个提议被接受,但罚款额很低。)提案的最后版本体现了政府的立场。

　　回顾这些不同的提案,S1094号提案无疑规定得最严格,这有几个原因。它要求成立矿难评估中心,它还要求撤销评价委员会(在这里矿山经营者们能够协商他们的罚金),要求把美国上诉法院当作唯一的评估申辩途径。S1904还赋予了矿工为了健康和安全相关问题而在联邦法庭起诉矿主的权力。对于大部分立法者来说,这些提议显然太过激进。赫克勒本人也承认,如果按照煤炭业对国会的影响力来看,他的这个提案最终成案的机会实在是渺茫。显然他对自己提案的境况非常清楚。在他对自己撤销诉讼权的建议所做的评论中就表达了这一点。尽管评论有些长,但也值得在此一引:

　　　　当因经营者疏忽大意而导致矿工受伤时,我的修正案仅仅是授予矿工及生还者以诉讼的权力。在当前的州工人赔偿法下,赔偿剥夺了矿工的诉讼权。矿工应该有权力提起诉讼以获得公正审判,这是自1908年以来铁路工人就享有的一个权利……

　　　　我还想强调的是,在煤炭行业中真正的困难在于对高产能存在巨大的经济动力。设备生产商的经济动力就在于制造出效率更高的产煤设备,因此也就不必要保护那些在矿井中工作的人。实际上,经济刺激与安全是对立的。我相信诸如诉讼权这样的条款将会对安全产生明确的经济刺激。对于经营者来说,确保煤矿安全远比诉讼赔偿风险在经济上更划算。

我也感觉到诸如此类的条款在 1969 年可能还有些超前,但我期待将来有一天能够实施。我也希望国会能支持此类条款,这样煤矿经营者的事故成本就会更高,从而不得不逐步实行更严格的安全标准来保护所有矿工。(美国国会,1969,3051—3052)

不出所料,赫克勒的这些比较激进的议程很少能够进入最终版的法案。1969 年 7 月 31 日,经过数月的听证,参议院劳工和公共福利委员会报告倾向支持最初版本的法案;到了 9 月 25 日,参议院开始立法进程;到了 10 月 2 日,参议院一致通过 S2917 号议案(修正案),即 1969 联邦煤矿健康和安全法案;到了 10 月底,众议院审查、修订并通过了 S2917 号议案。11 月,召开了一个联席会议以解决参众两院不同版本法案的分歧。最后在 12 月 17 日,众议院同意了会议报告,一天后参议院也批准了这个报告。1969 年 12 月 30 日,尼克松总统批准了 1969 煤矿健康和安全法案。让我们现在回过头来看看法案本身。

4.1969 联邦煤矿健康和安全法案

根据立法宗旨所述:"采煤业中首要关心的必定是矿工的健康和安全,矿工才是最宝贵的资源。"回顾法案就可以发现(尽管与赫克勒所提版本相比它有些保守),国会改善煤矿工作条件的呼声势不可挡,同以前的法案相比,它大大拓展了法律覆盖的范围。法案主要分为五个部分或五个标题:三个是有关健康和安全标准的;一个是处理黑肺病问题的;还有一个是处理法律行政问题的。

通过授权给矿务局,后来又转到煤矿执行和安全局(The Mining Enforcement and Safety Administration,简写为 MESA),这部法律大大拓展了联邦机构的可能执法范围。这些机构有权力进入矿井并对违规者处以罚款。说实话,这部成文法的许多方面都应被赞美,因为它站在了矿工立场上。但也不可否认,这部法律的许多方面以及之后的执行条例也可能产生一个不同的结果。

受法案约束的矿山

每个煤矿,要流入商业市场的产品,或者说会影响商业市场的行为和产品,以及此类矿中的每个经营者和每一位矿工都应该接受这个法案条款的约束。

1969 年法案中的这个条款代表了安全领域的一个巨大进步。联邦机构的权力第一次拓展到所有类型和规模的矿井。尽管从各方面来说这都是一个正面条款,但在规制中也存在着丑陋的一面。

之前的法案把瓦斯矿和非瓦斯矿区区分对待,1969 年法案专门解决了这个问题。之前联邦机构把某些矿划为非瓦斯矿(即低甲烷水平的矿),并不要求这些矿的经营者满足一定的安全标准。这些矿一般由小的独立工会经营者把控,根据矿务局的记录,它们在过去这些年里有着非常好的安全记录。(美国参议院,1969,4—10)矿务局报告记录了 1952 年 7 月至 1969 年 6 月 10 日这期间的井下起火和爆炸事件,记录显示只有 55 起起火事件发生于非瓦斯矿,只死亡了 27 人。非瓦斯矿的火灾死亡率只有 6.7%,损伤率只有 12.3%,而它们的产能大概占到了总产能的 40%,雇佣人数占到了总用工人数的 45%。(美国众议院,1969,1—10)

这些小公司声称,基于以往的良好表现,完全没有任何安全上的理由来改变原来这些分类,把非瓦斯矿当作瓦斯矿来看待。下面伯特·霍尔科姆(Robert Holcomb)的这段话就集中反映了这种观点。他是派克县经营者协会主席,这是他在国会煤矿健康和安全委员会的发言。

不幸的是,煤矿安全也难逃煤炭政治的荼毒。许多建议打着安全的旗号,但所干的事与矿工安全没什么关联,而是与煤炭业中权贵、大经营者及工会的利益相关。

然而不再区分瓦斯矿和非瓦斯矿的主要影响是会使国家的一些小型矿陷入破产境地。结果是大大增加了阿拉巴契亚地区的矿工失业率,那里的政府现在不得不花数十亿美元来增加就业率。这些小矿之所以破产,主要是因为他们负担不起那些在瓦斯矿里所必需的安全设备经费。(美国众议院,1969,556—557)

不出所料,这个法律施行后尽管全国总产能没大变化,但地下矿井减少了22%,相应地露天矿增加了18%。有588个地下矿井被关闭掉,其中70.7%位于肯塔基和西弗吉亚州,这两个州的私营非瓦斯小煤矿占据了主导地位。1974年早期,MESA管理者杰克·戴(Jack Day)指出,在剩下来的1000个非瓦斯矿中,只有大约50%的矿能符合1969年法案标准。1969年3月30日,法律要求内政部发布命令关闭这些矿。内政部在其报告中承认,关闭这些矿将会导致全国煤炭产能的大幅度下降,产能将会下降5%,将会有6000名矿工失业。总而言之,许多在临界点挣扎的小公司被很多人认为进步的1969年法案条款所压垮。西部一些大煤炭公司拥有和运营的露天矿则弥补了产能损失,也趁机强化了它们对煤炭市场的控制。

5. 法律施行:官僚机构的扩张

1969法案的其他条款表明联邦政府通过扩张当前官僚结构来履行其改善矿业健康和安全状况的承诺。拨付给矿山执法和安全管理局用以日常管理和检查活动的行政执行经费也在稳步增长。实际上,在过去8年中,尽管在后期美国经历了经济衰退,政府的其他活动领域经费被大幅削减,但MESA煤矿预算仍增长了4倍(见表14)。

矿山安全检查员的人数也从408人增长到1375人,同时还大大加强了对煤矿的检查力度,每个检查员所检查的矿山数量也从1970年的11个减少到1977年的3.5个。

既然MESA机构在这8年间迅速扩张,人们自然会推论在矿山中出现的监察机构也会成比例增长。但事实并非如此。根据当初的立法目标,最初四年检查的次数确实有大幅增长,到了1973年达到最高点90004次。此后检查次数便直线下滑。因此,尽管1974年以后每个检查员所负责检查的煤矿数量在下降,但这些扩充后的检查队伍的实际检查次数却在急剧下降。

在与 MESA 人员的访谈中,我发现主要有两个原因可以解释这种悖论。MESA 技术支持部的行政人员所提供的官方解释是,这些执法部门已经改变了自身定位,从强调全方位的短暂定点检查到包含健康和安全的常规检查。后一种检查需要花更多时间,但检查得更仔细。

表 14　MESA 指标和数据(1970—1977)

年份	MESA 预算 (单位:千)	检查员 人数	矿山数	矿山/检查 人员比率	检查次数/ 检查人员比率	总损伤率	死亡率
1970	$ 13093ᵃ	408	4495	11	25.1	9.67	0.215
1971	29384ᵃ	989	4347	4	26.4	10.03	0.151
1972	29793	1075	3578	3.3	55.3	23.37	0.124
1973	32035	1171	3117	2.7	76.9	20.43	0.099
1974	35663	1098	4157	3.7	71.9	11.62	0.092
1975	39843	1266	4470	3.5	55.7	12.25	0.089
1976	45528	1312	4492	3.4	4S.7	15.46	0.077
1977	53648	1375	4929	3.5	39.9	13.18	0.069

数据来源:MESA,1970—1977。

注释:总损伤率和死亡率为每200000 工时比率

a. 此处预算是作为矿务局一部分而给予的拨款,但是作为相对独立的比例而显现出来。

与这种官方说法不同,在与几名 MESA 煤田检查员的访谈中,他们强调是 MESA 繁文缛节式的官僚作风使检查员难以有效发挥作用。他们认为这些行政公文严重减少了他们每天花在矿上的时间。检查经常是匆匆完事,以前所强调的教育培训项目也被缩减,危险也随之增加。这个视角生动地诠释了这部法律是如何解决煤田冲突的:尽管规模在不断扩大,但一个大监管部门并没有相应地增加它在矿山中的存在感。

尽管这种状况暗示着州行动仅仅是象征性的,但就其本身而言,它也不能完全肯定法律因为其自身目标的双重性就无法实现它的初衷:保护工人。对此的研究自然会引出对法律执行的探讨。

6.法律执行:评估问题

除了检查条款,国会还在 1969 法案中纳入了民事和刑事处罚条款以确保法律能得到更好的遵守。不幸的是,该法案并没有按照赫克勒法案所主张的那样建立一个罚金体系以在这个数百万美元量级的行业中威慑违规者,国会采纳了尼克松政府的建议,设置了一万美元的罚款上限,而没有设置罚款下限。法案还提供了一个加长的违规复审过程,这样经营者能够就布告或罚金数量进行上诉,罚金一般分为三个层次:

第 5 条(f)(1)　仲裁小组的功能在于履行本法案赋予它的职责,在接到通知后,根据所涉煤矿经营者或矿工代表的要求为其提供听证的机会。任何经营者或矿工代表如果对仲裁小组的最终决定持有异议,依照本法案 106 条规定可就该决定填写申诉表要求复查……

第 105 条(a)条目 1　一位经营者依照本条目 104 条所列条款签发一项命令,受本命令影响,或被本命令变更,或被本命令终止的任何矿上的矿工代表都可以在收到该命令 30 天内,或者被该命令变更或终止 30 天内,就该命令向部长提出复查申请。

第 106 条(a)条目 1　任何由部长或仲裁小组依照本法案所签发的命令或决定,除了依照本法案 109(a)条所签发的决定或命令之外,都应当服从所涉矿所在地的美国巡回上诉法院所做的司法审查。

对许多人来说,法案的这一面直接否定了法规的效力,为这些大公司网开一面。批评者认为,这个上诉机制使拥有很多法务人员的大公司能够大幅减免罚金。而对于很多小公司来说,法律资源非常有限,将不得不支付全部罚金。政府则回应说它们的执法无所不及,不存在偏袒情况。但是回溯一下过去,显然批评者的担心并非没有道理。在 1970—1977 年间,总共向煤矿经营者签发了 704000 份违章通知,每份通知都附有罚金评估。这些民事罚款总计大概有将近 7000 万美元,平均每份罚单 93 美元。到 1976 年底,MESA 只收缴了将近 3000 万美元的罚款,收缴率只有 44% 。许多罚金被削减了,大多数都与诉讼有关。例如,有 500 万美元的罚金在等待由煤矿经营者提出的行政上诉,要么是非正式的 MESA 复查,要么是在行政法官面前进行正式的听证。另外 500 万美元罚金还躺在联邦法庭等待征收。1976 年参议院功能委员会在它们的报告中得出如下结论:要想成功实现这个目标,罚金金额应当使经营者认为遵从法案比交罚金更为划算。(美国参议院,1977,332)

在这个问题上参议院并非是孤独前行,国会及州官僚机构的其他分支后来也认为民事处罚项目存在问题。例如,国会会计总署认为:

> 由联邦政府进行民事处罚有助于确保煤矿经营者遵守健康和安全标准。在过去我们已经发现内政部评估和上缴罚金的程序需要改善,因为上缴的罚金远比最初开出的罚单要低得多,对那些违规者能否产生威慑也令人生疑。(美国参议院,1976b,731)

对于 1969 法案的无效性,各个矿井故事为之提供了更加直观的诠释。对新斯科舍(Scotia)的民事处罚就是一个鲜活的案例。高高举起,轻轻放下,使它们常常违规,导致该矿的一号矿井在 1976 年发生了 2 次爆炸,夺去了 26 名矿工的生命。从 1974 年 1 月开始直至煤矿爆炸,单单通风违规检查员就查处了 62 人。听上去似乎有点不可思议,当违规次数在增加时,对这些再犯者的罚金评估和收缴数却在减少。根据 MESA 报告,新斯科舍矿的平均每次违规事件的成本是 121.35 美元。相较于其母公司蓝宝石煤炭公司高达 3000 万美元的年产值,罚款只占了其不到 2% 的成本。这点罚款很容易被消化掉,仅仅被当作商业成本。这样毛毛雨的罚款根本没有任何威慑力。

对于再犯者来说,低罚金乃至更低的罚金上缴量已经成为常态。在新斯科舍这种情况到处都是。这么低的罚款使这些煤炭经营认为,只要愿意为不安全操作方式付出微不足道的罚金,他们就可以置这项法案于不顾而随便违规。正如参议院专门委员会所说:"煤矿经营者仍发现支付一小笔民事罚款远比投入大量资金改善不安全的生产条件要划算得多。无疑政府很难让这些老油条去遵章守纪。"(美国参议院,1977,335)

对 22 个矿井子样本(从 Scotia 矿先前的资料中进行抽取)的分析为我们

认识这个处罚评估系统的普遍软弱提供了另外一个视角。资料分析显示，申诉程序从某种程度上影响到了法案的执行力度。从1976年4月到1977年12月，这22个矿井中的每一个矿井的违规和罚金评估都被MESA编纂在册——包括违规的平均次数、罚金的初次评估、对所有被调查矿的当前和最终评估，也包括Peabody and Consolidation 煤炭公司的平均违规数，它们分别是全国第一和第二大煤炭生产商（见表5）。这些资料显示，首先，对违规的初次评估罚金那是相当的低（平均每起违规罚162.94美元）；其次，复查程序又使罚金征收率下降了22%。

通过全国总数据和一些大型公司的统计资料进行对比能够更清楚地看出复查过程中的漏洞。皮博迪公司违规次数超出平均水平45%，但平均每次违规的罚金数只是比全国样本平均数的162.94美元高出8%。Peabody公司最后又设法将平均罚金数降到109.86美元（比全国的最终或当前评估罚金数要低16%，后者平均数是125.28美元）。这就意味着MESA对该公司的最终罚金征缴率只有62%。对固本煤炭公司的统计也是一样。因此，可以说复查程序实际上为这些大煤炭公司提供了一个逃生通道。

表15　子样本中的平均违规次数、罚金评估以及罚金征缴率（1976—1977）

	违规次数	最初评估	最终评估	罚金征缴率（%）
全部矿井	650	$105911（$162.94）*	$82734（$127,28）*	78
皮博迪煤矿公司矿井	941	165252（175.61）	103374（109.86）	62
联合煤矿公司矿井	784	124401（158.67）	86108（109.83）	69

数据来源：MESA，Accident Prevention Study，1975—1977。
*括号里指每项违规的罚金均值。

对一些1000美元以上的大额罚金的分析进一步支撑了该观点。在开出罚单后的两年后，仍有约39项罚金在进行申诉。初次评估的资金征缴率仅有29.5%。在19项10000美元的罚单中，只有2项全部缴清，平均征缴率只有20%。对单个煤矿的分析可以看得更清楚：海湾石油公司控权的Drake矿3号矿井4张10000美元的罚单没有进行最终评估，征缴率为0%。固本煤炭公司的哈麦克（Harmac）矿3张10000美元罚单的征缴率只有15%。鹿溪(Deer Creek)矿只有27%的征缴率,还有1个罚单仍在复查中。

尽管这些煤矿被大公司所有和控权,但它们仍展现了评估过程中的典型模式。大部分民事罚款都不足以对违规者产生威慑力。从经济角度来看,继续为违规的不安全操作支付罚金远比改善危险的工作条件以避免罚金更划算。当罚金很高时,这些公司就会无休止缠斗以减少罚金。这一困境的根源在于法律的二重性,一方面设立了一整套书面标准以改善健康和安全状况,另一方面为之提供了无数漏洞,使之能够逃避规制。正如蒙大拿参议员梅特卡夫(Metcalf)在1976年的国会听证会上所说:"保护矿工只是纸上谈兵,实际上压根没有得到保护。"(美国参议院,1976b,377)

表16 1975—1977年间主要违法行为的罚金评估总数(抽样)

民事处罚初次评估	违法数量	上诉数	初次处理数	最终评估	最后罚金征缴率(%)
$10000	44	25	19	$38460	20.2
9500	1	0	1	5500	57.9
9000	3	3	0	0	0
7500	3	0	3	11078	49.2
7000	6	5	1	2500	50
5000	1	0	1	2000	28.5
4000	2	1	1	3500	87.5
3500	1	0	1	1000	28.5
3000	1	0	1	3000	100
2500	1	0	1	1500	60
2000	2	?	0	0	0
1500	5	2	3	3900	86.6
1300	2	0	2	700	26.9
1200	1	0	1	375	31.2
1100	2	0	2	1060	48.1
1000	3	0	3	2300	76.7
总数	78	38	40	$76874	29.5
	($572000)		($260500)		

数据来源:MESA,Accident Prevention Study,1975—1977。

7.1969 年煤矿法的理论透视

1969 联邦健康和煤矿安全法案尽管在某些方面有所进步,但与早期美国的煤矿立法相比,其实也没什么两样。法律在矿难和工人的抗争中得以进化,正是这些矿难和抗争使生产难以顺利进行。为了避免可能的经济混乱,州通过颁布法律来应对这种行业状况,希望以此使工人抗争最小化。

在法律创制阶段,政府提出了许多重要且早应实行的手段来改善矿山工作条件。但是尽管 1969 法案为某些领域的转变提供了可能,但几乎所有的执行法规中都包含有自由裁量条款,从而使法律效力大打折扣。该法案首次对违背矿山操作守则者进行民事处罚,但这一努力最终却付之东流,因为政府无法设立罚金下限,同时还设立了漫长的复查程序,这一程序对于大公司很有利。其他法律条款则显然有利于那些有权势者,尤其是不再区分瓦斯矿和非瓦斯矿,这也导致许多小矿或濒临倒闭的煤炭公司关门大吉。

通过检视 1969 年法案,可以清楚地看出法律如何通过花言巧语来解决一个重要问题,并能使相关各方都满意。同时,该法律还为后来的修订留有足够的弹性空间。这并非说立法者有意这样去做,而是说他们所背负的经济发展压力使他们不得不如此,他们相信这种法律对于煤炭业来说就是最好的法律。不幸的是,那些被视为行业发展最重要的东西并非辛苦劳作的工人,而是经济增长。

成文法中所蕴含的弹性在法律实施和执行阶段得以体现。MESA 作为专门建立的执法机构,对于所在的州来说,也是作为主要的正规部门发挥着职能。通过大规模的机构扩张,包括预算和人事的扩张,MESA 一直保持着它的高度存在感,它也因此能够不断地安抚煤矿工人,使其吃下安全的定心丸。对于这些矿来说,政府实际上只是在履行它的职责。然而一旦发展和树立起好印象,真正的监管需求就会减少。后期的检查数减少就说明了这一点。同时,基于它的位置,MESA 能够为某些服务(诸如研究)提供资金,以改善技术和生产程序。这样,MESA 就像法律自身一样,也存在两种功能:一是为劳工守护安全;二是为资本家改善当前的经济情势。

对法律进行判断的最终标准是它是否真正减少了煤矿中的伤亡。赞成者认为,在过去 8 年间死亡率(每 20 万工时)从 1970 年的 0.215 人下降到 1977 年的 0.069 人。然而这个统计根本站不住脚,因为 1977 年的所谓低死亡率仍比 20 年前的欧洲高出三倍(Caudill,1977)。另外,用另一个有效性指标损伤率来衡量,自 1974 年以来损伤率也在持续增长。这样,忙乎了 8 年以后,尽管 MESA 一直在招兵买马,但在矿山安全状况的改善上却是碌碌无为。

因为 1969 煤炭法案的缺陷日渐显现,要求改革的呼声也开始浮现。1976 年国会开始着手修订该法案。20 世纪 70 年代末 80 年代初的这些变化及其对矿工健康和安全的影响将在下一章进行探讨。但在开始下一章的研究之前,我还要回过头来探讨 UMWA,尤其是它在 1969 法案通过之后所面临的困境。

8. UMWA:新领导,老问题

1972 年 12 月 12 日,在一场法院要求的 UMWA 主席选举中,民主矿工的候选人阿诺德·米勒(Arnold Miller)击败了现任主席托尼·波义耳。选举结束以后一年的交接过程中,对于工会来说不仅仅是工会领导的改变,一系列针对波义尔及其工会领导层的联邦法院裁决极大程度上改变了工会自身的权力结构。1972 年 1 月 17 日,在布兰肯希普(Blankenship)诉波义尔一案中,美国地区法院法官格赛尔(Gesell)判决 UMWA 管理层、华盛顿银行以及约瑟芬·洛克(Josephine Rocke)(刘易斯的红颜知己,也是工会福利基金在 1950—1977 年间的信托人)必须支付 1150 万美元以填补 UMWA 账户的利息损失(David,1977,2—3)。诉讼围绕着所谓的华盛顿银行的普通支票账户而展开,该银行由 UMWA 控制。这个账户从工会的常用账户中单列出来,常用账户用来支付赔偿金和福利。从 1957 年到 1969 年,这个隐匿账户里的钱最低在 1961 年有 1200 万美元,最高在 1967 年有 7200 万美元,但不向外支付利息。账户控制在工会主席手里,只要他想,他可以在任何时候以任何方式使用这笔钱。判决显示了一种奇特的使用模式。一方面,当工会无法给其会员支付赔偿金时也没有动用这个账户;另一方面,工会经常从账户里向外给那些矿主贷款。实际上,单单在 1959 至 1961 这几年间,工会就不得不支付了近 7000 万美元为矿主所担保的违约金。

在 1972 年 5 月 24 日的一场听证会上,工会的组织结构也被改变了。美国地区法院法官沃迪(Waddy)裁决要求所有的 UMWA 地区机构都要按照 1959 兰德拉姆·格里芬(Landrum-Griffin)法案的要求实行自治。在这个裁决之前,在 27 个公会地方机构中只有 6 个可以选举他们的地方领导,而其他地方的领导则是由 UMWA 的华盛顿总部进行指定。控制住这些位置就可以确保他们的指令在煤田能做到令行禁止。(Armbrister,1976)

这两项裁决实际上大大削弱了 UMWA 主席办公室的权力。首先,主席无法再施加很大的经济影响,再也无法通过金钱收买选举和忠诚。其次,当允许各区自行选举他们各自的代表时,过去的组织控制也就无用了。

1972 年 6 月 16 日,美国地区法官威廉·布莱恩特(William Bryant)以大规模的选举舞弊和财务操纵为由宣布波义尔对乔克·亚布隆斯基的胜选无效,同时要求在 1972 年 12 月重新进行选举。之后不久,波义耳再遭打击,他被指控挪用公款,向政治候选人提供非法政治献金。最终他被判决十年监禁,向工会返还资金 49250 美元,同时处以 13 万美元罚款。(《纽约时报》,1972)尽管波义耳在法律上败诉了,但米勒并没有取得太大的胜利,最终只是以 70373 票对 56334 票赢了波义耳。米勒所受到的支持并没有那么高,且在其当政期间一直在萎缩。

在他的第一个任期,米勒就面临着来自各方不断的批评。一个指控就是米勒的行政团队到处充斥了外来者,都是一些从未在矿井工作过的人。实际上,米勒是在 UMWA 安置了很多非矿工高官,他感觉到这些人有助于推动改革。奇怪的是,这些动作却从两方面危害到米勒:首先,工会会员不再认同这个工会行政体系,因此也就不再信任他们;其次,许多外来者很快也因为面临挫败而辞职。

尽管米勒团队在 1974 年成功地协商了一份高工资增长协议,但仍抑制不住普遍的不满和自发性罢工。在 1976 年的会议上,工会代表投票决定在 1977 年 6 月举行选举。其目的主要是想在那年的合同协商之前完成选举。米勒受到了两个人的挑战,一是李·罗伊·帕特森(Lee Roy Patterson),他来自波义尔阵营;一是哈里·帕特里克(Harry Patrick),民主矿工的代表。帕特里克是在后来加入竞争的,当时看来帕特森很有希望击败米勒,米勒亟须一些同伴加入战局,帕特里克的加入使帕特森的优势被削弱。这个战略看来奏效了,帕特里克从帕特森的支持者手中拿走了一些青年工会成员的选票,最终米勒赢得了40%的选票,他的对手则瓜分了剩余的选票。但是如果再审视一下米勒的支持率就可以发现,因为工会会员的投票率只有一半,所以米勒在煤矿工人中的支持率只有20%。更多的麻烦还在后面:

> 米勒再次当选之后,一系列事件破坏掉了他在普通会员中的信誉,也打破了工会纪律严明的表象,并且还发动了一场全国性大罢工。实际上可以肯定的是:选举后数日,基金信托者宣布,不再对矿工及退休者给予免费的健康照顾。很快有证据显示这个决定是在选举前做出的,但米勒当时不宣布是因为怕影响到他的选情。
>
> 当这场持续10周的自发性罢工突然有9万人出来抗议福利被削减时,米勒就招募了一批宾夕法尼亚矿工"飞虎队"(flying squads),长途跋涉到西弗吉尼亚,冲破了流动纠察队的防线。
>
> 一旦开始协商,这些UMWA国际高层人员要么被米勒解职,要么因为心生厌恶而辞职。剩下的这些人面对BCOA(无烟煤经营者联合会)整日面带愁容,一筹莫展。(Marschall,1978,17)

1977年12月6日,美国矿工联合会发动了一场全国性大罢工,从各个煤田中撤回了约18万名矿工。一周以前,在数月仲裁之后,米勒突然终止了与烟煤经营者协会的谈判,并指出烟煤经营者协会提出的古怪的议案"就像1930年的古董"(《战士报》,1977,8)。最初烟煤经营者协会要求削减工会安全委员会关闭那些危险矿井的权力,要求签订"无罢工保证",对那些参加罢工者给予40%工资的罚款。同时,还要求罢工者自行补缴医疗和养老基金。BCOA敢提出这些过分的要求,是因为工会没能力掌控那些桀骜不驯的会员。就如BCOA总监瑟夫·布伦南(Joseph Brennen)所说的那样,他们的"非法罢工、怠工及其所导致的产能下降"造成了日均200万美元以上的损失,已经阻碍了工业增长(《战士报》,1977,8)。1976年布伦南告诉BCOA董事会:

那些为了在合同中实现自己的私利而不惜违背集体协商原则的一些人非常不负责任，是他们制造了煤炭业中的问题，应当受到谴责。

那些乐意违反劳资双方代表谈判合同条款的，为了达到他们自己自私目的人（应该承受煤矿工业问题的人）……未经证实，非法罢工只会使集体谈判模式走向终结，在四分之一世纪以上的时间里我们煤炭业和 UMWA 的关系都是基于这种模式而展开……在下一次谈判中我们必须建立制度性框架来终结这种非法罢工。（《每日劳工通讯》，1977，D1—3）

美国劳工部代表指出不要指望罢工会立即产生全国性影响，因为主要用煤大户都会有大约平均四个月的煤炭库存。代表还指出，由于 UMWA 财政状况不断恶化，罢工不太可能坚持 2 个月（《纽约时报》，1977）。不过接着发生的罢工却持续了 110 天，最终于 1978 年 3 月 24 日结束。

对于工会领导人来说，这个举动也使一年来的冲突达至高潮，无论是对于谈判桌上的双方，还是对于工会内部来说都是如此。1977 年夏季，工会领导目睹了几乎一半工会工人的抗议，抗议工会削减健康福利，抗议在矿井中缺乏安全预防措施。米勒团队努力结束这场持续 10 周的自发性罢工，但他也被工会会员指责为背叛者。

这次冲突的根本原因在于对工会福利计划的经济安排，这项安排充满了内在矛盾性，它也使工会管理层在劳资之间左右为难。这些福利计划包括他们的实行和维持，不仅对于工会的合法性很重要，而且对于留住和吸引新会员加入也同样重要。不过这些服务条款也使工会和经营者之间产生了经济纽带。UMWA 福利和退休基金的安排是 1946 年在美国政府的协助下由工会建立起来的。到了 1977 年，它是通过一项权利金制度由经营者根据各自产能而出资设立的基金。约翰·大卫（John David）讨论了此项安排的影响：

福利和退休基金属于现收现付制。因此，UMWA 和经营者一样，对高产能感兴趣，希望煤矿能持续生产。如果由于罢工而中断生产，权利金就会停止，基金项目就会陷入危险的境地。这也导致很多矿工不满，

116

因为到了 20 世纪 60 年代,退休矿工几乎和在职矿工一样多。尽管基金的最初目的是提供社会服务,但这也意味着工会不再关注在职矿工的安危,而将目光挪向行业产能的稳定。工会同煤老板纠缠不清,是因为基金依赖于促进产能提升的技术发展,这真是一个巨大的讽刺。

这个制度的内在矛盾在于,工会为了给其会员提供福利,为了增强自身合法性,它必须通过煤炭产能来寻求财政支持,这实际上也促进了资本主义经济的发展,为此它不得不经常站在工会会员的情感对立面。

对 1977 年自发性罢工的处理就清楚地表明了这一点,即冲突源于这种制度的内在矛盾性,因为工会领导人为了确保煤田的产能稳定,看起来常常在试图压制工人。初步探究后可以发现,UMWA 领导人很愿意听从经营者的意见,他们就这样背弃了他们的支持者。但工会所面临的经济窘境显示,唯一的可能选择就是维持现有秩序,维系现有产能,以避免更严重的财政危机。

停工对 UMWA 健康和退休基金收入的影响可参见表 17 的数据。假若按照煤炭正常需求水平来算,加上这些因停工所造成的机会收益损失,1974 年 12 月和 1977 年 3 月间因停工所带来的损失就高达 6490 万美元(UMWA,1978,5)。统计显示,支出明显高于预期,而收入则显然低于预期;因此无论何时,工会都希望能避免自发性罢工和其他停工事件,因为它希望基金能够盈余而不是产生赤字。

表 17　停工所造成的收支损失统计(1974 年 12 月—1977 年 12 月)

	1974 年合同计划	1977 年修订后的计划	1974—1977 年间的差异	停工损失
收入	757140000	713004000	44136000	64900000
支出	698890000	737239000	38349000	
收支差异	58250000	24235000	—	—

数据来源:UMWA,1978。

注释:括号中的数字表示为负值

* 数据包括 1974 年 12 月至 1978 年 2 月停工造成的损失

　　在 1977—1978 年罢工谈判中,工会之所以处于弱势地位也是因为它自身经济结构的这种矛盾性。这种影响体现在多方面:首先,这十周的罢工耗尽了工会财政,所以 UMWA 在参加煤炭会议时缺乏有力的财政支撑。其次,为了弥补基金亏空,工会显然在罢工要求的最后期限数月前就允许增加产能。在 7 月开始抗议和 12 月罢工的这四个月中的每个月,报告都显示烟煤产能会出现显著增加,超过了 1977 年的月平均产能。这些新增产能可以解释为什么煤炭消费大户会有四个月的煤炭库存。最后,在工会管理层和工会会员间的摩擦也到处可见。因此,BCOA 也意识到了米勒的谈判困境,对其也只是给予有限的资金支持和帮助。BCOA 这样说,也是这样做的。

　　其他一些与资金矛盾性无关的因素也影响到了工会在煤炭对话中不断恶化的谈判处境。工会会员分布与美国煤炭资源分布的关系最近看来也给工会的稳定性带来了麻烦。在 1966 至 1976 年间,美国工会会员增长了将近 10%,从 92000 名增长到 183000 名,囊括了采煤业 85% 的劳动力。照常说,这个比例足以使工会控制住包括工作和产能这两端的整个行业链条,但事实并非如此。UMWA 支持者更集中于高产能的井下矿(西弗吉尼亚,俄亥俄,宾夕法尼亚,印第安纳和伊利诺伊),这些矿常常占到了一个地区煤炭产出的 90%。但更令人惊讶的是,截至谈判这个时刻,在密西西比河以西的煤田中,UMWA 会员只占到了所有劳动力的 4.1%(UMWA,1976,n. p.)。理查德·汉娜(Richard Hannah)和加思·曼格姆(Garth Mangum)指出:

图 1　1977 年 1—12 月的每月烟煤产量(千美吨)

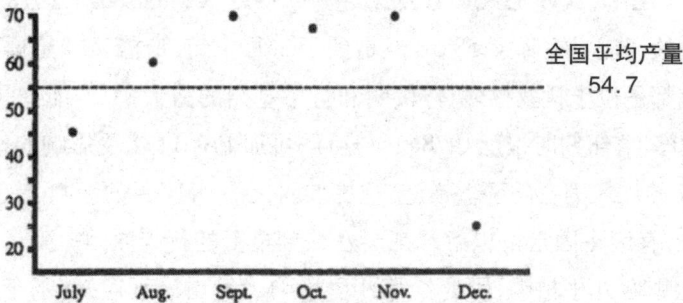

数据来源:MESA,February 1978a,4。

考虑到非工会矿性质的特殊性,它们的技术水平,它们劳动力的年轻化以及它们发展的灵活性,相较于工会的内部冲突不断及其安全和工作意识规则,工会矿的产能在整个 20 世纪 70 年代都在下滑,而那些大型非工会矿的产能却很稳定,甚至还有增加。(1985,44)

差异如此之大,主要基于以下几个原因。首先,矿务局规划显示,几乎一半以上的煤炭储量都位于西部,而在过去,东部占了全国 93% 的产能。在罢工的那个时候,1975 到 1985 这十年的行业扩张中有 82% 新增或扩张产能都来自西部煤田(美国矿务局,1977)。其次,大约 75% 的露天矿煤炭储量都在美国西部。这一点很重要,因为露天开采可以使用大型机械,这样产能会大大增加,使用的工人将会减少,利润会更多。最后,西部煤炭储量中的大部分都是次烟煤和褐煤,其平均热量要比东部烟煤少三分之一,但西部煤炭的含硫量却很低。这使其具有很大的环保优势,能够满足一些苛刻的环保要求,而东部的煤炭则不具备这个优势。

因此,工会会员在煤矿产能中的比例下降主要是因为无法在西部煤矿中发展会员。工会的产能会员比例从 1974 年的 70% 下降到 1977 年的 50%(Hannah and Mangum, 1985, 176—181)。如果把 1974 年罢工的影响和 1977—1978 年罢工的影响进行对比就可以发现这种下降更为明显。在 1974 年谈判前的 24 日罢工中,全国因为煤矿关闭而削减了 70% 的煤炭供应,立即导致 25000 人歇业。相反,在 1977 年早就有联邦官员预计,如果罢工一直持续下去,将会有数百万工人歇业。但在这场横跨 1977 至 1978 两年持续 110 天的罢工中,歇业工人人数从未超过 25000 人(Marschall,1978)。这场罢工一开始产能只下降了 58%,但是到了 3 月中旬,产能又开始增加,增加的基本上都是位于科罗拉多、怀俄明和肯塔基州的露天矿,产能恢复到正常时期的 70%(《纽约时报》,1978a)。这样,再加上有 11 个受影响的州出台了减少 20% 的煤炭消费的环保措施,这更加弱化了 UMWA 的谈判能力。

因此,有诸多因素可以解释工会在谈判桌上的行为原因。到了 1978 年 1 月,工会财政几乎枯竭,因此给那些受影响者发出一纸通知:基于 1950 年合同条款的养老金再也难以为继(《纽约时报》,1978a)。2 月 6 日,UMWA 总理事会拒绝了米勒所批准的这项合同草案。尽管由米勒办公室和 BCOA

所提交的第二份合同被总理事会所接受,但在 3 月 5 日又被工会会员以 2∶1 的优势给拒绝了。合同争议的核心在于是否允许煤矿经营者解雇那些自发性罢工的领导者。工会内部的紧张气氛在升温,因为工会会员认为米勒的妥协就是背叛。政府试图终结这场罢工,但也没有成功,因为矿工不再理会卡特政府的塔夫脱－哈特利(Taft-Hartley)法案。3 月,来自东俄亥俄州第 6 区的一个代表团指控米勒,指控他克扣了由其他劳工工会捐助的救济金,说"饿死这些矿工也是他合同计划的一部分"。(《纽约时报》,1978b)

经过 110 天的罢工之后,1978 年 3 月 24 日,这些嗷嗷待哺的工会会员以 57% 的微弱优势批准了第三份合同。工资和福利涨了 4.97 美元,但工会的让步更多。允许煤炭公司处罚自发罢工领导人,或对其暂停工作。工会也放弃了对健康项目的控制权,同意增加产能计划,而过去工会对该类计划往往会因安全缘故而拒绝。

这场罢工对工会团结产生了全面性影响,并且后果是灾难性的。米勒和他的管理团队,在进行谈判时本来就没从会员那里得到什么支持,现在直接被这些会员指着鼻子骂,他们面临着被罢免的危险。米勒,一个民主矿工的候选人,充分感受到这个位置所给它的压力,他前任的所作所为大大限制了他的选择范围。尽管米勒希望能有所作为,但工会的经济状况决定了工会管理层通过管束劳工来配合煤炭生产。尽管 UMWA 的领导换掉了,但许多同样的问题依旧如瘟疫一样折磨着工会,挥之不去。

第六章
变化的行业 变化的标准

　　1977 年的 UMWA 罢工显然是煤田中的一个大事件,但同时煤炭业还发生了很多其他重要事件。最重要的莫过于国会决定对 1969 煤矿安全和健康法案进行修订。1976 年的斯科舍矿难导致了 26 名矿工死亡,这也促使人们开始讨论需要一部新法。斯科舍及其他矿不顾现行法律规定而长期违规操作的顽疾是这次立法辩论的重点。正如劳工委员会参议员威廉姆斯所指出的那样:

> 　　通过实地考察和听证会,我们非常仔细地查看了斯科舍煤矿的生产记录,发现了许多通风整改通知,我们之所以寻找这些整改通知是因为那个矿的通风状况不太好,结果发现该矿被多次通知整改。检查员发现通风不良,就会传讯矿主。然后罚款就会打折,只罚一小笔钱,又久拖不交,然后是下一波检查又发现通风不良……如此循环往复,矿工的安全依然得不到保障。(美国参议院,1978,1070)

　　就如之前所通过的煤矿立法那样,1977 年的某些条件状况也为新法的通过创造了一个良好的外部环境。首先,20 世纪 70 年代的能源危机导致对煤炭需求量大增。煤炭产量从 1969 年的 5.69 亿美吨增长到 1977 年的大约 6.60 亿美吨(尽管这一年发生了罢工事件)。这也是 1948 年以来的最高产量。同时,还发生了一个重大转变,那就是从井下开采转到露天开采,1969 年井下开采占到全美煤炭总量的 61%,到了 1977 年井下开采比例下降到 40%。(MSHA,1981b,35)

　　其次,由于煤炭需求量上升,从事煤炭开采的劳动力人数也急剧增加,从 1969 年的 95000 人增加到 1977 年的 140000 人。尽管这段时期井下采煤量在下降,但用工人数却增加了 35000 人。这段时期矿工就业有了很好保障,因此也常常举行罢工。

最后,民主党政府大多支持健康与安全措施,因此通过法律修正案时也几乎没有遇到什么阻力。尽管之后也发生了一些矿难,但也再没有其他新的重要法律通过。我们必须再次强调,从历史上看,矿难只是煤矿健康和安全法案通过的必要条件,但并非其通过的充分条件。换句话说,与这些矿难立法的观点相反,如果不具备适当的社会经济条件,大矿难的发生以及之后的抗议并不必然导致法律的出现。

1.1977 煤矿安全和健康法修正案

这些修正案反映了国会旨在解决以前立法中所察觉到的一些问题。首要的问题就是杂乱的标准体系,根据不同的开采活动要求采用不同的保护标准。1977 年修正案强化了执法权,把法律权力的触角大大延展,几乎囊括了美国所有的煤矿,包括一些小型的、所谓的夫妻店(mom-and-pop)煤矿。

这部修正案还推动了一个重要的行政体制转变,即把 MESA 从内政部挪到劳工部去,并改名为煤矿安全和健康管理局(MSHA)。这儿还可以重复一下,当初 1969 年法案通过时,参议员赫克勒的 S1904 法案就曾提出这样的安排,但当时被拒绝了。这部修正案理论上也强化了该部门执行强制性安全和健康标准的检查权。彼得·戈普尔鲁德(Peter Goplerud)对 1977 年修正案中的检查程序作了如下描述:

> (法案)要求每个地下矿井每年至少接受四次健康和安全检查,露天矿每年至少两次检查。以后这些检查不再事前通知或者事后警告。这些检查是随机的,检查时也不再需要授权。

更为重要的是,在多纳万诉杜威(Donovan v. Dewey)一案中最高法院也支持了这一观点,即无需授权即可调查。

国会也认为修正案应当直接解决这些惯犯问题,但它给予了 MSHA 更大的自由度,让它去开发那些处置惯犯者的手段:

在 105(d)条款中委员会想赋予执行者更大的处置权,当一种违规模式出现时,他可以决定什么样的处罚标准。执行者的权力应当足够大,使其足以涵盖法案范围中的各种采矿活动……同时委员会考虑到每一种违规行为都不是孤立存在的,行为模式并不意味着它是事前制定标准所描述的编号,也不意味着它是事前假定的操作者的思维状态或行为意图中的任何要素。随着对这些条款的体验增加,执行者如果认为有必要也可以修改这些标准,委员会认为执行者基于这个目的可以持续地改进标准。

尽管修正案赋予其权力,MSHA 可以径直宣布某一矿违规,但它几乎没有签发过任何一个命令宣布某矿停止或暂缓运营。这一套处罚制度依然被保留下来, 它还具有足够的威慑力,尽管这一罚金制度的上限还停留在一万美元,但给予顶格处罚的依然很罕见,尤其是在20 世纪80 年代的"放松规制时期"。

尽管在其他领域也可能取得了很多进步,但我仍要简述另一部煤炭规制法案,并以此结束本章。

2.1977 露天煤矿控制与复垦法案

1977 年8 月卡特总统签署了《露天煤矿控制与复垦法案》(The Surface Mining Control and Reclaimation Act,简写为 SMCRA)。围绕这一法案而展开的立法斗争已经持续了将近十二年,在这期间提出了 25 个以上议案,有 2 个议案在国会通过但被福特总统否决,最终通过的版本还要送到最高法院审查。早期的法案支持者与那些反对煤炭开采的环保主义者展开了斗争,UM-WA 和其他团体更关注井下矿井的未来命运,进入议会辩论,强烈要求严格管控露天矿开采。问题相当简单。这些团体之所以如此是因为:

管控露天矿开采不仅仅关乎采矿公司的利益,尤其是煤炭公司的利益,还与国家领导人自1973 年以来一直想促进煤炭产能扩张(以此应对石油危机)有关。支持露天矿者看到了露天开采相对于地下开采有着安全和高产能优势。保守估计,露天矿的回采率可以达到其储量的80%,而井下矿只能达到57%。由于露天矿的产能高、回采率高,同时还因为所有西部富煤带都适合于露天开采,因此在许多人看来,SMRC 对于煤炭产能增长计划直接构成了威胁,更不用说能源自主这个政治目标。(Harris,1985,4)

对于环保主义者而言,SMRC 乃是它们生态议程的一个关键组成部分,它们试图通过联邦立法管控那些危及环境的商业行为。必须记住,到了20世纪70年代中期,环保运动已经成为影响立法的重要力量,产生了好几项重要立法成果,包括1970年和1977年的《清洁空气法修正案》《水污染控制法修正案》以及《国家环境保护法》。过去复垦露天矿区的实践并没有取得成功,这也使人们有更多理由关注露天开采的发展方向。

最终来看,很多主张管控露天矿者主要是基于经济原因,包括 UMWA 在内,在辩论期间其立场也发生了重大转变。一开始,UMWA 认为地方经济高度依赖于井下开采,因此它们就要求对露天开采严格管控。正如肯塔基参议员沃尔特·赫德尔斯顿(Walter Huddleston)在1973年的国会听证会上所说:

在煤矿健康和安全法实施的两年内,肯塔基的井下开采每年减少一千万吨,而露天开采每年增加两千两百万吨……任何人只要看到这种乱挖乱采、满目疮痍的露天开采乱象,他也不得不对此感到忧心忡忡。(美国众议院,1973,23)

尽管人们很关注这些露天采矿区的生态困境,但这个满脑子都是利益的团体的目标仍是减少井下开采工作的损失。可以这样认为,对于 UMWA 和东部各州来说,SMCRA 只是一个抵消1969煤炭法案负面影响的工具,通过更加严格的联邦管控来抑制西部煤矿的扩张。

UMWA 的首要目标是试图减缓西部地区露天煤矿的增长,但因为实践步调很不一致,这也使 UMWA 在煤田中的权力日渐消失。但是后来 UMWA 又放弃了这种支持 SMCRA 的立场,因为这个法案的最终版本显然会对露天矿和井下矿造成同样大的影响。

国会企图调和这种矛盾（即能源需求和环境保护的矛盾），但最后只是搞出了一部"自相矛盾"的法律。在法律开篇这段华丽的语句中就显现出这种矛盾："这部法案的目的是……确保国家能源需求，社会和经济效益并重，在环保和国家对煤炭的基本能源需求之间取得平衡。"（美国国会，1977，sec. 102）

SMCRA 对本研究的首要意义在于它去除了 MSHA 的某些责任。但在20 世纪 80 年代 SMRCA 管控力的下降也为我研究煤田监管规制的影响中的观点提供了论据。

3. 新结构下的煤炭行业（1977—1988）

在 1969 年原煤矿健康与安全法通过至 1977 年修正案通过这一段时期，煤炭业发展迅速。（我把 1969—1977 年称为 MSHA 时期，1978—1988 年称为 MSHA 时期。）但 MESA 时期 20% 的产能增长相较于 MSHA 时期的增长还是相形见绌。1978—1988 年间的煤炭产能增长超过 50%（见表 18）；1988 年全国的烟煤产量首次超过 9 亿美吨（MSHA，1989a，5）。

因为这是一个煤炭业开始转型的时代，1969—1977 年间的增长可以归结为三个因素。第一，大量煤炭从井下开采转为露天开采（见表 18）。1977 年之后，露天开采一直占到了总产能的 60% 以上。第二，露天开采时期恰逢煤炭产能西移（见表 19，MESA 时期煤炭产能地理分布图）。这两个因素也导致煤炭市场更加集中。

表 18　MESA 和 MSHA 时期平均产量（1978—1988）

年份	产能记录（百万美吨）	露天开采量（占总数百分比）	平均矿工数	矿工工作时间（百万小时）
1978	591.5	63.0	213036	326.8
1979	741.7	59.5	221446	390.8
1980	793.1	59.6	212329	381.3
1981	782.7	61.8	208345	352.1
1982	799.5	59.9	201736	349.3
1983	755.2	61.4	155839	279.6

续表

年份	产能记录 （百万美吨）	露天开采量 （占总数百分比）	平均矿 工数	矿工工作时间 （百万小时）
1984	874.7	60.9	162217	302.1
1985	853.5	59.9	152987	286.1
1986	867.4	59.4	143303	266.9
1987	894.8	59.3	132464	249.5
198 $	907.6	58.8	124452	234.3
平均				
MESA,1972—1977 MSHA	590.9	53.1	169442	293.8
1978—1980（卡特时期）	708.8	60.7	215603	366.3
1981—1984（里根时期）	803.0	61.0	182034	320.7
1985—1988（里根时期）	880.9	59.4	138301	259.2

数据来源:煤矿健康和安全法案,1978—1988a。

表19 1969—1977 年分地区煤炭产量(千美吨)

年份	东部 （占总量百分比）	中部 （占总量百分比）	西部 （占总量百分比）
1969	394928（70）	139857（25）	25720（5）
1970	417846（69）	149941（25）	35145（6）
1971	373582（68）	136303（25）	42307（7）
1972	387249（65）	153483（26）	54654（8）
1973	374797（63）	149467（25）	67474（12）
1974	377719（63）	142524（24）	83163（13）
1975	396487（61）	151116（23）	100835（16）
1976	406162（60）	147892（22）	123631（18）
1977	389850（57）	146365（21）	152360（22）

数据来源:美国能源信息管理调查局,1977。

煤炭业最后一个重要趋势是消费结构的转变。1972 至 1976 年间,火力发电的煤炭消费占煤炭生产总量的比例从24%上升到70%。同时期铁路的煤炭消费占比从10%降为零,煤炭零售量占比从14%降为不到 1%。转变趋势就是消费结构更加集中。许多大煤炭公司与电力公司一下就签订了三四十年的合约。再加上许多大公司控制了更多的储量和产能，这也使那些小公司的处境更加艰难。（Harris,1985,76—77）

这三个因素结合在一起使煤炭业发生了一个更大的转变。露天矿，尤其是许多西部的大公司，需要的工人更少。采用长臂采煤系统（longwall system），在井下矿引入机器人技术，这些都对就业产生了巨大影响。例如：

> 通过采纳新技术和自己研发技术，作为美国杜邦公司（E. I. du Pont de Nemours &Company）的子公司，固本煤炭公司去年一年（1989）只用了 9500 名矿工就开采了 5500 万吨煤炭。而在十五年前生产这些煤炭则需要 23000 名工人。更大的转变在于安装了 22 部长臂采煤机……1990 年，在全美 2000 个地下矿井中大概只安装了 100 个长臂采煤系统，但它们所在的矿井却生产了三分之一的煤炭，一些专家认为到 20 世纪 90 年代末这个数字将会上升到 50% 以上（Wald,1990,D5）

在 MESA 时代，矿工从业人数以及工作时数都有大幅度攀升，这个趋势一直持续到 1979 年（见表 18）。但是到了 80 年代，70 年代所建立的这个趋势突然转向，上述数字开始急剧下滑。在 1979—1988 年这十年间，大约减少了 10 万名工人，削减了 44% 左右，在同一时期，雇员工作时间也从 391 小时下降到 234 小时，下降了 40%。

就业减少也是理解政府行为的关键之一。在整个 80 年代，煤矿健康和安全领域中的政府行为与 70 年代有很大不同。工人在劳资协商时并没有位置，而在早期他们还有。里根政府时期的立场乃是影响 80 年代健康和安全的另一个重要因素，但是在讨论这种情景之前，我们还是先简要看一下人数不断减少的劳动力市场对于 UMWA 所带来的影响。

4. 地位不断衰减的 UMWA

很有必要重新审视一下在多边的行业背景下 1977—1978 年间 UMWA

罢工行动所带来的影响。这场罢工是 UMWA 历史上持续时间最长的全国性罢工。它一共持续了 110 天,工会财政也被耗尽。尽管最后的协议规定在三年里给 UMWA 会员涨 37% 的工资,但在当前的法规中显然有好几处是工会及其会员作了妥协。在 UMWA 历史上最为全面的协议是 1974 年的合同,在这个合同中,UMWA 取得了前所未有的成功,相较于 1974 年的合同,这次协商的挫败就显得非常醒目。例如,它抛弃了两个长期的行业标准。第一,UMWA 同意由其会员来支付它们健康福利计划中的免赔额(deductible)①,以降低管理成本。这是自 1946 年以来首次由工会会员自己来支付这笔钱。第二,面对不断下滑的产能,UMWA 勉强接受在工会矿中引入"激励计划"。当年在工会的努力下,这种奖励制度在 1945 年左右就消失了。其他一些更近的条款也是半途而废。例如,1974 年罢工所争取到的生活成本津贴这次也没了。总之,必须说工会为它所尝到的一点甜头付出了昂贵的代价。

工会在 1977—1978 年间的谈判中遭此困难的原因在于行业中业已存在的变化。随着 UMWA 所控制的煤炭产能的下降,它的谈判能力也随之下降。1974 年工会控制了大约 67% 的产能;到了 1977 年这一比例下降到大约 50%(Navarro,1983,212—229)。不仅如此,UMWA 在西部露天矿也无法组织工会,再加上西部露天矿的煤是优质低硫煤,工会的无能倒是消除了由于煤炭短缺所带来的能源危机。

UMWA 主席阿诺德·米勒的权力失势是 1977—1978 年间罢工发生的另一个原因。1974 年,具有改革思想的米勒的声望正处于巅峰时期,石油危机所带来的煤炭需求增长也使他在谈判中处于有利位置。但到了 1977 年,UMWA 管理层的内斗严重损害了主席的领导能力。工会会员实际上拒绝了合同的最初版本,米勒在 1977—1978 年间劳资协商中的作为也遭到了很多人的批判,这些人也想分享改革成果,其中包括米勒的继任者萨姆·丘奇(Sam Church)。

这种内部冲突可以被讨论很久,但我只是想描绘出工会孱弱无力的形象。当工会想同煤矿经营者谈判时,这种内部争斗很常见。萨姆·丘奇在

---

① 医疗保险中的免赔额,是指投保者在看病时需要支付的最低金额,超过这个金额再由保险公司按比例支付。——译者注

1981 年也面临着同样的困境,这时会员大会以 2∶1 的优势拒绝了一个"背叛工人利益"的合同。1981 年,丘奇这个曾经因长期条款损失而批评 1978 年合同是一个"重大退步"的人,现在发现他自己也不得不面对那些批评,批评他在一个 35 年的长期协议中作出让步,这个协议以前要求工会矿依据各自产能来支付养老金。这个批评实际上是不公正的,因为这是联邦法院的裁决(NLRB 诉 Amax 煤炭公司案,453 U. S,322[1981])而导致的这个协议无效,而非丘奇的妥协所造成的。不幸的是,丘奇在这个问题上的失败使工会会员们普遍相信主席已经出卖了他们。需要指出的是,在 1978—1981 年间,UMWA 所控制的产能又下降了 6 个百分点。同时,非工会矿日益增加的产能也填补了工会矿因停工所造成的产能损失,这时罢工也就很难威胁到煤炭业了。

关于 UMWA 在 20 世纪 70 年代后期的困境还有最后一条意见需要说出来,即关于工会成员的抗争性问题。到了 70 年代末,那些极端活跃的会员们变得谨小慎微,已经开始放弃那些自发性罢工了,不再将其作为抗争手段。麦卡蒙认为,现在州通过法院和其他机构为"劳工抗争设置了法律限制":

> 在整个 20 世纪 70 年代,源自某个矿的反对健康危害及老板严苛规定的自发性罢工往往会引发其他矿的声援,这也使整个煤炭业的工人都处于"不稳定"状态当中。在男孩市场诉零售店员案[Boys markets v. Retail Clerks,398;U. S,235(1958)]的强制令中,并没有禁止这种行为。这样矿主就去寻找其他办法来解决问题,他们在合同里加上禁止非工会罢工的条款。1977—1978 年的罢工持续了将近 4 个月,但最后还是被反对的力量击败了,工会会员还是接受了自发性罢工的约束条款。在 1976 年水牛锻造厂诉美国联合钢铁工会(Buffalo Forge v. United Steelworkers of America,428;U. S,397)一案后,采煤业中的罢工显著减少,但在 1978 年煤矿工人被打败之后,这种罢工也就更少了。(Mccammon,1990,221)

这样,进入 20 世纪 80 年代以后,UMWA 所面临的现实就是它曾经不可一世的权力已然衰落,再也无法通过罢工来实现自己的目标。到了 80 年代末,UMWA 矿的产能只占到了总产能的三分之一。

在 70 年代由于司法案件和劳工挫败所带来的影响到了 80 年代又被里根政府的反劳工政策进一步强化了。在煤矿中,那些激进的工人们渐渐地接受了这个事实,工会抗争活动多多少少都带有官方色彩,里根政府得到的一个教训就是:里根政府上台只有 7 个月,那些在 1881 年 8 月拒绝返回工作岗位的 11500 名空中交通管制员统统都被解雇掉了。矿工用来解决煤田健康和安全问题的主要工具——自发性罢工也被工会合同所禁止,由于越来越多的机器替代了工人,这也使工会对各个行业的控制力减弱,罢工所带来的影响也逐渐降低。

这时也很难预料 UMWA 的未来前景。1982 年 9 月 9 日,理查德·L. 特拉姆卡(Richard L. Trumka)击败现任萨姆·丘奇成为美国矿工联合会的新任主席。特拉姆卡的施政纲领和丘奇击败米勒时的施政纲领差不多,在施政纲领中他许诺对协商采取更为激进的态度。在 80 年代特拉姆卡领导下的工会战略也是含混不清。一方面,工会支持引入长臂采煤技术。一位工会支持者认为这是一种理性的态度,"回看 50 年代,刘易斯(那是他接受了采煤机器)就曾说高生产率有利于工人,那样就可以为我们的工人支付更高的工资和福利,总比让这六十万挖煤者生活在贫困中要好"。(Wald,1990,D5)然而参考过去支持长臂采煤技术的情况也是很有问题的。当刘易斯同意进行机器开采时,总共大约有四十万名采矿工人,UMWA 会员大约占到了总劳工数的四分之三。十年后,还有大约十六万名采矿工人,UMWA 会员只占到了其中 68%。采矿工人因为刘易斯的决定而受益了吗?

尽管矿工福利金几乎是从零增长到矿工总收入的 30%,但是在 1952—1962 年间这段煤炭不景气的时期,即使矿工工资也在不断增长,但矿工所获得的总收入仍然落后于其他主要工会的成员。(Navarro,1983,215)

在 20 世纪 80 年代末,UMWA 会员只剩下 65000 名,工会所控制的产能只剩下三分之一。长臂采煤法将会增进安全,正如欧洲这么多年所呈现的那样,但问题是如果工会会员进一步减少的话,工会是否还能够存活下去。

特拉姆卡是否应支持长臂采煤技术可能还有疑问,但他的管理团队的综合表现却是相当积极的,正如他许诺的那样,在 80 年代后期这一点表现得尤为突出。1989 年,特拉姆卡策划 UMWA 再次进入美国劳工联盟和工业组织大会(The American Federation of Labor and the Congress of Industrial Organization,简写为 AFL-CIO)。1989 年 4 月 5 日,UMWA 发动了一场旷日持久的罢工,这场罢工针对的是匹茨顿煤炭集团,这是全国最大的煤炭公司之一。业内专家将罢工描述成为一项孤注一掷的运动,要么生存,要么死亡,无路可退。例如,1989 年 8 月 15 日的《纽约时报》的头条就是——《煤炭罢工:UMWA 及其领导者的末日大决战?》(Ayres,1989)

当公司从 BCOA 撤出时,工会决定号召对其发动罢工,号召说 BCOA 与UMWA 在 1988 年签订的合约太过昂贵,尤其是在医疗福利领域。越来越多的公司在使用这个战略,UMWA 则努力制止这个趋势。那么多年来,工会首次建立了一个强大的统一战线,就连特拉姆卡的竞争者(包括萨姆·丘奇在内)也都现身支持。劳工停工频频遭到暴力破坏,因为违反罢工法规,工会被处以罚款 6400 万美元。这场针对匹茨顿的大罢工持续了十一个月以上,最后公司签署了一份合约,满足了工会大部分的要求。匹茨顿公司基本上同意按照 1988 年 BCOA 合约的规定提供医疗和养老福利。匹茨顿协议也同意重新雇佣那些曾被公司开除的矿工,也解决了可能丢工作的后顾之忧。工会方面最大的让步就是工作班次和工作周数的变化,这也使匹茨顿在工作调度上有了更大的弹性。

总之,很难说特拉姆卡的领导团队能否解决工会所面临的那么多挑战。如果 70 年代末和 80 年代的这种趋势持续下去(正如它们期待的那样),到了 20 世纪末,UMWA 可能只控制了不到五分之一的煤炭产能,其谈判地位将会更加虚弱无力。UMWA 对匹茨堡煤炭公司的罢工胜利是这十年它所取得的少数几个胜仗之一。在里根政府下,经过了 8 年的敌对之后,这场罢工也有助于提升工会劳工的士气。但是工联主义的衰落只是里根政府在煤田留下来的遗产之一,20 世纪 70 年代在健康和安全方面所取得的进步也被侵蚀了。

5. 转型中的矿山安全和健康管理局

20 世纪 70 年代后期,MSHA 的整个官僚体系在煤田中依然维系着比较强的存在感。尽管在 1978 至 1980 年间 SMCRA 带来了一些预算调整,并去除了它的一些责任,但其仍一直受到卡特政府的支持。MSHA 预算实际增加了约 6%(扣除通胀因素,以 1982 年美元为基准),MSHA 雇佣的检查员从 1228 人上升到 1367 人。

现场工作人员的增加显然产生了积极的影响。1978 至 1980 年间检查总数从 67483 次上升至 79295 次。检查次数在增加,但检查人员所检查到的违规次数却有轻微下降。这段时期签发的违规通知单也明显增加,平均每起违规的罚款数(扣除通胀因素)也明显上升:从 1977 年的 122 美元上升到 1978 年的 177 美元,到了 1979 年则上升到 207 美元这个高点。伤亡的统计数字也显示较 1977 年有很大改善,尽管这个数据时有波动。死亡率(每 20 万工时)在 1977 年为 0.069,1978 年为 0.055,1979 年为 0.066,1980 年为 0.064。总损伤率也呈相似的趋势,但 1977 至 1978 年间的下降率更为显著:1977 年为 13.19,1978 年为 10.1,1979 年为 10.99,1980 年为 10.85。无论是井下矿还是露天矿都呈现同样的下降趋势。

可以说卡特时期在煤矿健康和安全领域取得了持续的进步。1977 年修正案相较于最初的法案有一些重大变化,政府积极推进这项法案也为之营造了一个更加安全的工作环境。然而也有一些观察家认为,卡特政府制定的某些原则最终也被里根政府拿来所用,只不过将其修改一下以适应里根政府的放松规制政策。例如,在露天矿规制中的"州窗口"(state window)就允许各个州根据各自的地理或地质条件对联邦要求进行变通。但是卡特政府"把州窗口理解得非常狭隘,让州官员自己来证明本州情况的独特性。一位州官员这样评价道:'州窗口要么被木板挡住,要么被砖封死,要么被拴上门栓'"。(门泽尔,1983,415)卡特时代用意良好、使用谨慎的州窗口在里根总统就职后不久就成了一个公开窗口,因为这时放松规制运动开始了。

6. 里根的遗产

尽管卡特政府已经采取了一些放松规制的手段,其目的在于提高生产率,促进竞争,甚至是为了促进平权法案,但政策一般都更接近普通大众,也就是说,这些政策的目标在于通过开放不断增长的市场来帮助人民,但同时还要控制竞争。在这种情境下,像 MSHA 这样的管制机构实际上就可以发挥重要作用。

但按照 1980 年总统大选中保守派的说法,管制就等同于生产力低下和经济衰退。罗纳德·里根(Ronald Reagan)当选意味着像 MSHA、OSHA(The Occupational Safety and Health Administration,职业安全和健康管理局)、EPA(The Environmental Protection Agency,环保署)这样的监管机构将成为保守派政府改革的首要目标,他们发誓要让企业家来"革除政府这些无用的规章"。

实际上,MSHA 是里根政府最先挥刀削砍预算和人事的部门之一。因为迟迟没有任命新的负责矿山安全和健康事务的劳工部长助理,显然里根政府没有把 MSHA 放在优先考虑的位置上。这种带有政治意涵的提名过程虽然非常令人沮丧,但一个机构也不能没有领导。一位 MSHA 雇员说道:

> 劳工部的一些决定对于我们和整个行业来说都至关重要。对于一些新技术我们必须制定出新标准。各个制造商都想获得这些新标准许可,这样他们就可以开始生产机器。但我们现在无法签发这些新标准,因为我们还没有主管该工作的助理部长。(Gaertneretal,1983,423)

最终在 1981 年 10 月,福特·B. 福特(Ford B. Ford)被任命为新的助理部长。一个月后,国会——作为替代 1982 年年度财政预算的附加拨款的一部分——拿掉了 MSHA 检查特定非煤矿山的职权。这个变化对 MSHA 员工产生了即刻的影响:

> 在 3 月份拨款被搁置而带来的暂时休假之后,又开始了一个紧急休假。当开始实行包括去除 MSHA 部分检查职能的措施时,裁员(Reduction-in-Force,简写为 RIF)是真的开始了。换句话说,为了回应国会法案,在三个月内开始了三类裁员行动。
>
> 尽管裁员只从那些我们所讨论的矿井有直接联系的检查员开始(这部分还占不到全部检查任务的 20%),但裁员程序有关的坎坷过程几乎影响到了 MSHA 在煤田的所有作业。(Gaertneretal,1983,423)

裁员活动带来的一片乱象,助理部长福特入主 MSHA 后一开始所作的一个决定又加剧了这种混乱。福特决定现存的劳工部门——包括正在运行中的 9 个 MSHA 评估办公室和当地检查员正在办公的 10 个地区煤矿办公室——都不再行使其服务职能,并应进行重组。比如,在福特被任命之前,一个来自地区办公室的检查员就一项违规签发了一张通知单,然后这张通知单被转到一个评估办公室,在那里决定如何处罚。如果要求开会,那就在评估办公室里开。在机构重组之前,"地区办公室检查员及其上司并不参与评估会议……会议上所提出的问题也几乎不通知它们"。(MSHA,1983b,3)

福特呼吁合并这些职能,因此还扩展了地区管理者及其检查员的职能。1982 年关闭了所有 9 个评估办公室。福特说这为检查员保护矿工生命提供了额外的武器,但人们也很容易认为这个方案改变了检查员的基本职能。不再仅仅监管健康和安全条件,按照新的执行体制,地区管理者和检查员还要负责评估会议,进行教育培训,以及开展其他活动。

尽管福特的论调中更强调合作和劝说,但实际上他把检查人员放到了一个对抗性的位置上。布雷思韦特(Braithwaite)指出:

> 如果一个机构拥有起诉的自由裁量权(discretion),那么这个机构中的谁来实施这个自由裁量权呢?当然不是检查员。当一个经营者感到一张 100 美元的民事罚单就会被刑事起诉时,应当将检查员从这种怨恨中抽离开来,这一点很重要。机构应当确保它的一线人员即检查员可以这样说,如果他想的话,"刑事起诉并非我的决定",或者说"我不得不完成我的工作,把你的违规记下来,但我尽量朝好里写,并恳求上级不要起诉你"……管制机构应该这样构建,使检查员能够顺利生存而不至于成为受气包……更重要的是,如果机构一开始就把违规认定为民事处罚,检查员必然也无需对那个评估结果负责。
>
> 实际上,里根时期之前的评估责任体系也有着一些引人注目的特征……权力集中可以确保待遇更大的一致性,也可以确保由适当的人选作出起诉决定,这些人知晓该部门是否有起诉该类案件所需的执行资源。检查员同证据过于密切,这也使他难以判断在多大程度上需要一个独立法庭进行仲裁。对于如何解决这些擦边性案件中的诸多问

题,检查员并没有任何法律资源……最终,把检查同起诉和评估分开能够对检查员所搜集的证据进行内部校验。(1985,153—155)

除了布雷斯维特的看法,冒险不发违规通知单或者在评估时网开一面以避免冲突在福特体系里似乎表现得更为明显。在重组前的1981年至新体制首次全面运行的1983年间,无论是签发的违规通知单数量还是每起违规事故的平均罚款数都有明显下降,违规通知单数量从1981年的129921张下降到1983年的112283张;同时期每起违规事故的平均罚金数(扣除通胀因素)从136美元下降到58美元。

数量下降的另一个比较可信的理由是政府向检查员传递了一个明确的信号:这是一个奉行行业合作优先理念的新时代。一位露天矿的官员在1982年曾这样说道:“检查员可能一直怀有警察心态,但我们正在意识到这一点,我们将要去改变。”(Menzel,1983,415)福特实际上在1982年就警告这些煤田管理者不要怀着“故意找茬”(nit-picking)的心态签发违规通知单,检查员也不要“在矿井里的旮旯缝道里到处乱翻”。(威克斯和福克斯,1983,1279)

关于这次重组,在运行之前需要指出一点。授权给检查员执行所有这些职能显然增加了在体制内腐败的机会。尽管还没有确切的证据证明在煤矿安全和健康的执行上存在直接交易,但在文献中仍有多次职务犯罪的记录,体制没有监督和制衡必然导致各种形式的腐败。

经常休假和重组导致MSHA员工士气低落,在美国人事管理办公室所资助的一项研究中可以看到对此问题的回应,这项研究发现在1980到1982年间MSHA的精神面貌有很大变化(见表20)。在卡特政府和里根政府期间转变最大的便是对官僚体制的满意度变得糟糕了。在1980至1982年间,所有的满意度衡量指数都在下降,但最大的转变发生在工作安全方面。例如,在MSHA总部里,他们的工作安全满意度在1980到1982年间从76.5%下降到36.3%。一项工作状态的质量评估指数显示,1982年只有43.2%的人持乐观情绪,而在1980年这一数字为59.2%。对官僚体制这两个问题的态度也反映出MSHA管理越来越具有政治性。

1982年,当被问到组织转变的程度时,36%以上的回答者都说相比以前他们对 MSHA 的工作投入更少了。不到五分之一的回答者感到 MSHA 在新领导下变得更富有效率。有三分之二的回答者认为工作更加困难了,因为预算经常莫名被砍。最后,那些在 MSHA 总部接受访谈的人中,有 68.3% 的人说一些最优秀的人在这几年已经陆续离开 MSHA。

表20　1980 和 1982 年 MSHA 员工工作质量调查问卷结果

	年份	总部满意度（%）	A 地区满意度（%）	B 地区满意度（%）
工作安全	1982	36.3	30.1	28.0
	1980	76.5	67.4	77.3
成就感	1982	65.0	68.6	71.0
	1980	70.0	75.3	68.1
工作质量*	1982	43.2	46.0	42.6
	1980	59.2	55.1	55.5
对以下说法的认同度(%)				
我没有去年那么忠于这个组织		39.8	36.9	36.5
我相信此部门在新领导的管理下会更加有效率		18.8	8.9	10.5
去年本部门有一些优秀人才离职		68.3	62.9	49.4

数据来源:盖特纳(Gaertner)等人;1983,427,429。

注释:问题设置采用李克特量表(Likert-type),将回答(response scale)设置为 5 个量级,从(1)完全不同意到(5)完全同意。

* 此量表的一般回答模式:

当部门决策影响我到时,我有机会表达我的意见。

我的工作质进展程度会影响到很多其他人。

我的工作需要做很多不同的事情,也会用到各种技能和才智。

我的工作给予我诸多自由和独立决定如何来做的机会。

综合考虑,我很满意我的工作。

　　20 世纪 80 年代早期的这些变化也为里根时代的其他办事人员出了一道难题。根据里根政府放松规制的政策方向,政府部门希望能对行业发展减少监管,增加服务。因此,本研究的目光聚焦于所发生的剧烈转型以及重塑 MSHA 使命的诸多决策。其他决策(比如对一些轻微违规设立 20 美元罚款标准,这将在后面进行讨论)只是将 MSHA 的运作进一步推向放松规制模式;但与其不断讨论各个政策的转变,还不如把目光转向宏观数据,以对整个 20 世纪 80 年代所出现的趋势有更好的认识。

7. 政府对 MSHA 的支持:高开低走

评估放松规制时代对 MSHA 影响最好的办法可能就是 1978—1980 年间卡特时期联邦赋予该部门的支持度与 1981—1988 年间里根时期对该部门的支持度进行对比。支持度可以从多个方面测量,最明显的一个指标就是对该部门的预算支持度。表 21 显示了 1978—1988 年间 MSHA 的预算数据,这些数据都按 1982 年的美元币值来算,这样对比可以更精确一些。(因为存在通货膨胀,所以允许以 1982 年的比值作为基准对每年的预算数据进行换算。)无论是对 MSHA 的资金支持还是对煤炭部门的预算在 20 世纪 80 年代都呈下降趋势。1978—1980 年间,MSHA 的平均年度总预算达到 1.663 亿美元,最高时在 1979 年达到 1.728 亿美元。相反,在里根时期,年度平均总预算只有大约 1.4 亿美元,下降了 16%。在里根时期预算呈直线下降趋势,从 1981 年的 1.629 亿美元下降到 1988 年的 1.298 亿美元。在里根前四年的第一任期中,MSHA 的年度平均预算为 1.5 亿美元,而在他第二任期内平均预算只有 1.3 亿美元。如果专门看一下资金在煤矿监管执行部门中的分配情况,就可以看到预算平均每年下降 9%,从卡特时期的平均每年 7300 万美元下降到 80 年代的 6760 万美元。在放松规制时期用于煤矿的资金低于 MESA 时期 1972—1977 年的平均年度预算。这一时期的年度平均拨款有 7080 美元。(1970 和 1971 年对 MESA 的拨款包含在矿务局拨款里)

另一个测量其责任的基本方法便是该部门所雇用的人数。尽管在 1977 年某些责任被移交给露天开采办公室,但在 MSHA 负责煤矿检查的人员在 1978 年仍高达 1940 人(见表 21)。令人奇怪的是,在 1980—1981 年间,MSHA 歇业期间,其工作人员仍减少了 100 人以上,但到下一年工作人员又达到 1917 人。自那以后,人员就逐渐减少,到了 1988 年只剩下 1519 人。

人数的减少对于矿山检查有着更大的影响。1980 年,检查员人数有 1367 人(也是最多的时期),到了 1982 年下降到 1150 人,到了 1983 年则下降到 1041 人。把卡特时期和里根时期的检查人员数量进行对比就可以发现年平均人数从 1126 人减少到 1061 人,减少了 20% 。如果把里根的两个任期进行对比就可以发现,年平均人数从 1126 人下降到只有 995 人。必须要指出的是,这两个平均数都低于 MESA 时期。(那是的年平均人数是 1192 人)

表 21　1978—1988 年间的 MSHA 预算资料和数据,MESA 和 MSHA 时期的人员平均数

年份	调整后的 MSHA 预算	调整后的 煤炭部门预算	MSHA 员工 总人数	煤炭调查员 数量	矿井数量
1978	158.1	74.8	1940	1228	4964
1979	172.9	74.3	1853	1383	4312
1980	167.9	70.0	1797	1367	4398
1981	163.0	68.3	1684	1285	4589
1982	149.3	65.4	1917	1150	4313
1983	146.6	71.8	1818	104i	3863
1984	139.4	70.4	1717	1029	3996
1985	133.7	67.6	1627	1031	5024
1986	126.8	63.9	1522	939	5585
1987	132.1	66.3	1563	1007	5027
1988	129.8	67.1	1519	1006	4867
平均					
MESA1972—1977 MSHA	137.8	70.8	1589	1192	3821
1978—1980(卡特)	166.3	73	1863	1326	4558
1981—1984(里根)	149.6	69	1784	1126	4190
1985—1988(里根)	130.4	66.2	1558	996	5126

数据来源:MSHA,1978—1988a;MSIIA,1978—1988b。

＊调整后的意味着根据美国通货膨胀率把各年度数额都转换为 1982 年的币值,这样才能对各年度数据进行对比。

有一点需要指出的是,尽管很难把检查人员的工作负荷记录下来,但显然在 20 世纪 80 年代检查员要承担更多的工作。福特的机构重组要求检查员承担评估和其他工作,这些工作以前是由 9 个评估办公室来承担的,现在它们都关闭掉了。检查员承担这些责任也意味着他们要做更多的文案工

作,花在监管上的时间会更少。每个检查员平均监管的煤矿数量也从1978—1980 年间的平均 3.46 个上升到 1981—1988 年的平均 4.41 个。尽管这种统计方法有些问题(因为检查员一般会被分配到各个区,所要检查的矿在数量上有很大差异),但它仍为我们观察检查员不断增长的工作负荷提供了一个可靠线索。

　　总之,资料显示无论是从资金上还是从部门人数上来观察,政府对MSHA 的支持度都在降低(见表 12),剩下的检查人员也面临着更为繁重的工作任务。现在我们要解决的是这些因素对执法工作的影响。

8.不断变化的执法风格

　　里根政府向公众传达了一个明确信号:不再接受过去的监管模式。但即使在 MESA 时期,那时联邦强烈支持 MESA 的工作,但也有理由说那时的执行效果比不上之前,因为自 1973 年执法检查次数达到 90004 次的高点之后就急转直下了。

　　到了里根政府时期,下降就更为明显。要想对比 20 世纪 80 年代的检查数据还存在一些困难。例如,在 80 年代界定"检查"的标准常变化,导致每年的数据也时常变化。在 1984 年的一个重要变化就是把协助守法(compliance assistance)和计划审批(plan approval)纳入检查的范畴。1985 年在MSHA 报告中教育和培训考察也被纳入到检查的总次数当中。尽管依然不确定是否应把这些活动都归类到检查中,但在本书的分析中只把教育和培训考察排除在外:这些考察显然不属于检查的职能范畴,以往也没有被归入到检查次数中,只是在 1985 年被加入到 MSHA 检查总次数中来。这么多年来所报告的检查类型一直是法律所要求的常规性专门检查。1977 年修正案要求每年至少有 4 次井下的彻底检查和 2 次的露天矿检查。

　　和检查总次数一样,在 80 年代执法工作和常规检查次数也在下降(见表 22)。常规检查次数从 1978—1980 年间的年均 14881 次减少到 1981—1988 年间的 13050 次。更大的下降发生在里根总统的第二个任期(就和预算一样),每年的平均常规检查次数下降到 12300 次,同卡特政府时期的 MSHA 数据相比,下降了 17%。1988 年,常规检查的总次数下降到 11927 次,为 1972 年以来的最低点。

总检查次数也同样反映了这一点。在 70 年代后期,年平均检查次数大约为 73000 次,而 80 年代年平均检查次数则为 67660 次。在 80 年代早期,检查次数与卡特时期也是相差无几。直到 1985 年检查次数才开始显著下降。在里根的第一任期内,年均检查次数在 73000 次以上,但在第二个任期则下降到 61813 次。这个时期教育和培训考察被计算在总数内,因此数据有些膨胀。(实际上,在 1985 年的年度报告中,教育和培训考察被单列出来,并未被纳入到总数之内。)显然,80 年代 MSHA 在矿上的存在感明显下降。

表22 MSHA 执法数据(1978—1988)以及 MESA 和 MSHA 时期的平均数

年份	常规检查次数	总次数	签发违规罚单数	处罚次数	20 美元占总罚款数比例(%)	总罚款数(百万)	每张罚单的平均罚款数	每次检查的平均罚款数
1978	13973	67483	111645	182052	—	22.8	204.33	480.19
1979	15712	72304	140666	180200	—	28.7	204.03	516.84
1980	14958	79295	129921	165232	—	28.2	217.05	415.95
1981	14724	72774	108653	144863	—	18.5	170.27	272.18
1982	14472	69607	112283	121605	21.9	11.1	98.85	159.47
1983	12948	74498	90810	111836	73.3	6.8	74.88	87.77
1984	13064	77149	106205	122599	58.1	8.7	81.92	103.84
1985	11947	68091	104566	129142	43.3	11.4	109.02	148.69
1986	12823	61342	100656	129924	38.4	12	119.29	176.85
1987	12502	60235	106247	131453	39.4	12.1	113.89	169.52
1988	11927	57586	111944	155065	37.2	16.4	146.5	230.79
平均								
MESA 1972—1977 MSHA	14207	72477	101451	—	—	—	—	—

续表

年份	常规检查次数	总次数	签发违规罚单数	处罚次数	20美元占总罚款数比例(%)	总罚款数(百万)	每张罚单的平均罚款数	每次检查的平均罚款数
1978—1980	14881	73027	127410	175828		26.5	208.47	470.99
1981—1984	13802	73507	104488	125225	52.5	11.2	106.48	155.81
1985—1988	12299	61814	105853	136396	39.6	13	122.16	179.96

数据来源：MSHA,1978—1988a；MSHA,1978—1988b。

－表示无数据可用

　　除了在矿上存在感降低之外,放松规制的影响还体现在评估战略的使用上。开出违规通知单的数量与对违规进行处罚的次数一样,在80年代都在下降(见表22)。在里根第一任期下降得最为明显,同卡特时期相比对违规进行处罚的次数下降了29%(在1978—1988年间平均每年为175828次,而在1981—1984年间平均每年为125225次)。统计数据显示,在里根的第二任期内对违规的处罚次数则有所增加,但这只是一个假象,因为新的民事处罚规则到1982年才施行。

　　根据1982年MSHA年报,"这个规则主要是依据1977年法案对轻微违规创设了一个20美元的单项罚款标准。民事处罚规则改变的目的在于要人们关注更为严重的违规事件"。(1983,7)但这个20美元处罚标准很快就成了评估战略中的主流标准(见表22)。1983年,新规则实行的第二年,73%的处罚都被归结到这个类型中。对轻微违规的20美元处罚标准的创设也进一步削弱了执法的威慑力。布雷斯韦特(Braithwaite)对此评论道:

　　　　即使矿山安全和健康法案为逐步升级的监管处罚提供了一个精确的数字范围,但MSHA所制定的金字塔式执法却太过扁平了。MSHA应当从金字塔低端的过失性轻微处罚中解放出来,把更多的资源放到更为严厉的刑事判决以及更多的关矿指令上(more withdrawal orders)……然而令人遗憾的是,当里根政府上台后,MSHA的执法金字塔变得比以往更扁平化了。重要和重大的违规行为从以前占到总数的60%以上下降到1981年10月的22%,无故处罚不成功次数从罚单总数的2%下降到1982年中期的0.4%。(1985,148)

根据这个政策方向,对于罚金总数下降很多也无需惊讶了。1978—1980年间年均罚款总数为 0.265 亿美元以上,而在 1981—1988 年间,年均罚款总数还不到之前的一半,只有 0.122 亿美元。

观察规制运动对煤矿健康和安全立法的影响的另一个方法是看每次检查的平均罚款数和每起违规的平均罚款数。这也减少了很多(见表 12 标准化后的平均罚款数)。在卡特政府时期,平均每次检查的罚款额为 490 美元(标准化后的数字);而在里根政府时期这一数字下降到 168 美元。研究显示,每次违规的平均罚款额则从 195 美元减少到 84 美元。

在 20 世纪 70 年代后期罚款是否还能产生足够的威慑力还是很有疑问的。现在显然罚款没有任何威慑力——特别是对于一些大煤炭公司来说,当面临很多罚单时,尤其是涉及大额罚单时,一般都会进行申诉要求给予减免。

在结束本章关于罚款评估的研究时还需要强调一下,依据严重程度来定义违规的方式必须检讨。以下是 MSHA 在他们的年报里所使用的分类方式:①"重要和重大"的违规是指这些违规会被认为"在理论上可能会导致合理的严重伤害或疾病";②20 美元罚金的违规是指"评估为不严重的违规"。然而,如果把 1987 和 1988 年的年报对比研究一下就会发现里面相互矛盾。1987 年,MSHA 年报说 65% 的违规为"重要和重大"的违规,但同时又有 40% 的违规罚款金额在 20 美元以下。这就意味着至少有 5% 的违规属同时被认为是"重要和重大"的违规和"不严重"的违规。1988 年的年报里也存在这 5% 的重叠现象:68% 的违规数被认定为重要和重大的违规,然而有 37% 的违规罚款金额为 20 美元。

一些 MSHA 自己界定的可能会导致严重伤害的违规却只给予了轻微罚款,这也正是这个全面弱化的执行政策的写照。在里根时期所有数据都关注于放松规制模式的执行,这并不会引出一个更加积极的设定。关键问题是,这些政策的转变究竟会对矿工的安全和健康产生什么样的影响?

9. 损伤和死亡:放松规制的影响

许多观察家把 1969 年法案描绘成一个强有力的法律,认为它"好像为煤矿安全问题提供了一个长期解决方案"。(Lewis-Beck and Alford,1980,752)实际上,如果专门研究一下 MESA 时期的死亡数,单单死亡数直线下降就会使你产生一种印象,1969 年法案条款确实产生了巨大效用。但是正如这个分析所显示的那样,死亡率只是安全问题的一方面,对于全部损伤数据的研究表明,1969 年法案的影响力并没有那么大,尤其是虽有改善但时有波动的损伤数据,仍然远远落后于欧洲。

很有必要再看一下法律本身和法律实施及法律执行的区别。前面的章节显示:尽管预算和人事两方面联邦政府都给予了很大支持,但检查次数依然呈下降趋势。这显然表明在评估体制上存在重大问题,法律体系中的很多漏洞削弱了它自身的效用。

我对里根时代所强调的放松规制的研究进一步显示了对法律本身及其现实运用方式之间进行区分的重要性。1977 年修正案下的执行工作到了 20世纪 80 年代后有了很大转变。里根时期一开始 MHSA 就发现自己处境艰难,因为法律要求该部门劝说违规者遵循健康和安全标准。政府也发出了明确信号——包括 MSHA 和其他监管部门——比赛规则已经改变:过去是积极监管,现在则是亲商友商。

这种放松规制模式对于矿工安全的效果如何? 从表 23 可以看到 1978年 1 月 1 日至 1988 年 12 月 31 日期间全国烟煤矿生产损伤率的资料。与MESA 时期的直线下降相反,80 年代的死亡率波动很大。1981 年的死亡率(每 20 万工时的综合比率)是 0.080,为 1975 年以来的最高值。在里根的第一任期内施行第一个放松规制措施时,年平均死亡率超过了 MSHA 时期的卡特政府时代的平均死亡率(1981—1984 年间为 0.066,而 1978—1980 年间为 0.061)。公正地说,这里需要指出来的是,在里根的第二任期内年均死亡率有所下降。

井下工人受到的伤害尤其大。20 世纪 80 年代,井下死亡率两次超过0.10,为 1973 年以来的最高值。在露天矿,整个 80 年代的死亡率波动很小,且总趋势也稍有下降。需要指出的是,80 年代露天矿死亡率数据对整体死亡率数据影响在持续增长。相较于井下矿,露天矿工时增加了 5%(1977 年露天矿工时占了总工时数的 33%,而到了 1988 年这一数字为 38%),这也导致地下矿井死亡率的上升在整体数据中体现不出来。还有一点也很重要,根据煤炭业的技术进步程度,死亡率应该降低得更多,损伤率也应同步下降(Wallace,1987,355)。观察损伤程率图景的另一个维度是矿难的出现,这在后面会被讨论到。

表23 死亡率和损伤率(1978—1988)、MESA 和 MSHA 时期的平均数

年份	整体死亡率	井下矿死亡率	露天矿死亡率	综合损伤率	井下矿损伤率	露大矿损伤率
1978	0.055	0.071	0.028	10.097	12.71	5.56
1979	0.066	0.089	0.022	10.992	14,032	5.204
1980	0.063	0.08	0.034	10.85	14.14	4.74
1981	0.08	0.108	0.031	9.727	12.677	4.608
1982	0.065	0.085	0.032	9.2	11.853	4.416
1983	0.044	0.06	0.02	7.71	10.087	3.966
1984	0.073	0.106	0.022	7.654	10.108	3.822
1985	0.037	0.052	0.012	7.176	9.216	3.841
1986	0.054	0.066	0.037	8.135	10.297	4.586
1987	0.042	0.051	0.029	11.822	15.864	5.453
1988	0.032	0.04	0.018	12.275	16.483	5.502
平均值						
MESA						
1972—1977	0.092	0.102	0.063	16.057	17.921	—
MSHA						
1978—1980	0.062	0.08	0.028	10.646	13.627	5.168
1981—1984	0.066	0.09	0.026	8.573	11.181	4.203
1985—1988	0.041	0.052	0.024	9.852	12.965	4.846

数据来源:MSHA,1978—1988a。

注释:资料都是基于日历年度,比率为每20000 工时比率。

*横线表示无可用信息

黑　洞——美国矿山安全政治学

144

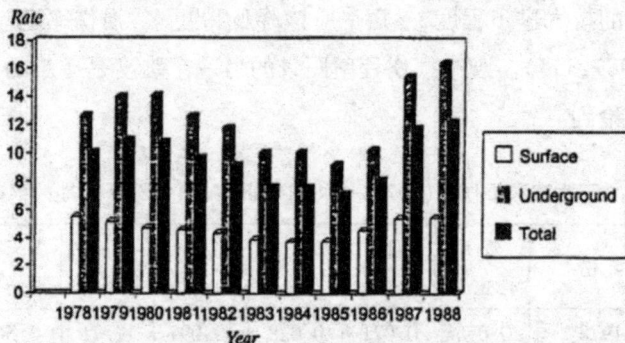

图2　每200000 工时综合损伤率(1978—1988)

数据来源：MSHA.1978—1988a。

劳工部也编纂了各种损伤统计数据。我已经说过,在报告中的所有伤亡情况分类中,只有死亡率和综合损伤率可以直接与历史资料进行对比研究,因为 MSHA 界定其他损伤类型的方法在 1978 年已经改变了。因此,同 MSHA 时期的任何数据对比都必须限定在综合损伤率内。

奇怪的是,伤害率数据统计方式与死亡率数据统计方式差异很大,在里根第一任期数据很高,到了第二任期数据又变低了。对于所有的三种损伤分类——可以存活的非致命性损伤(nonfatal injury with days lost,简写为 NFDL)、难以存活的致命性损伤(injury with no days lost,简写为 NDL)以及综合损伤——在 1979 年都开始下降,一直持续到 1984 或 1985 年。然后,损伤率又开始有很大增长:1988 年这三种损伤率达到 MSHA 时期的最高点(见图 2 所有损伤率的地理分布)。

要想知晓比率上升的幅度,最好是比对里根总统第二任期的头一年和第二年的数据:非致命损伤率增加了 65%;致命损伤率增加了 96%;综合损伤率增加了 71%。井下作业损伤率增加得更多:非致命损伤率增加了 72%;致命损伤率增加了 113%,综合损伤率增加了 79%。露天矿数据不像井下矿增长得那么多,但统计数字仍显示矿上的事故也增加了很多;非致命损伤率增加了 36%;致命损伤率增加了 59%,综合损伤率增加了 43%。

对这些伤亡资料分析过后,在逻辑上只能得出一个结论:MESA 以及 MSHA 时期所积累的势头在里根时代都被所施行的这些政策消耗殆尽了。并非法律无用,而是在里根的放松规制时代理解法律的方式使 MSHA 走向了一个不同的方向。对 MSHA 雇员态度的研究显示,这并非他们选择的方向;是政策大方向迫使他们这样做。这种政策方向的最终结果就是矿工的工作场所变得更加危险。

10. 维尔伯格矿难:矿山中的无谓死亡

尽管在 20 世纪 80 年代也发生了多起死亡事故,但 1984 年发生在犹他的维尔伯格(Wilberg)矿难和 1988 年发生在肯塔基的塔基州威廉站(William Station)矿难对于我们的研究具有最为重要的意义和价值,因为这两起矿难规模较大,受到了媒体的广泛关注。对于威廉站矿难还没有出版调查报告,所以我把重点放在维尔伯格矿难上。

1984 年 12 月 19 日晚上,犹他电力和照明公司所有、金刚砂采矿公司运营的一座矿井中的一场大火夺去了 27 名矿工的生命。在图 3 中可以看到维尔伯格矿右方第五个长臂工作面的设计以及发现遇难者的位置,这是从 MSHA 对这起矿难的调查报告里拿出来的。像斯科舍矿一样,维尔伯格矿也可被视为一个屡教不改者。MSHA 报告对维尔伯格矿的矿山检查这样评论道:

> 在起火之前,MSHA 对整个矿的最后检查从 1984 年 11 月 6 日持续到 12 月 18 日(就在矿难发生的前一天)。在检查期间给安全守护员签发了 27 张违规通知单、2 个指令以及一个警告,然而也是无用。第五右工作面在 12 月 12 日刚检查过。全矿有 61 处被要求整改,包括第五右工作面区域里的 7 处。
>
> 金刚砂矿业公司的安全部门也不定期进行检查。其中一位工作人员在 1984 年 12 月 11 日还在 5 号右工作面检查,检查了独立自救设备和三分之二的矿车(belt entry),没有不安全或违规记录。

此简短的陈述让人不禁心生疑问,其中最大的一个疑问就是:就在矿难前一天 MSHA 的检查中怎么就没有发现那起事故的苗头? 在某种程度上,当作者讨论"九个条件和行为有助于解释这期严重矿山起火事故的成因,同时这也违反了 1977 年联邦矿山安全和健康法"(MSHA,1987c,88)时,在这份报告中 MSHA 也是在检讨它自身。事故后,MSHA 依据联邦监管守则(Code of Federal Regulaiton CFR)所公布的违规清单值得再次一读:

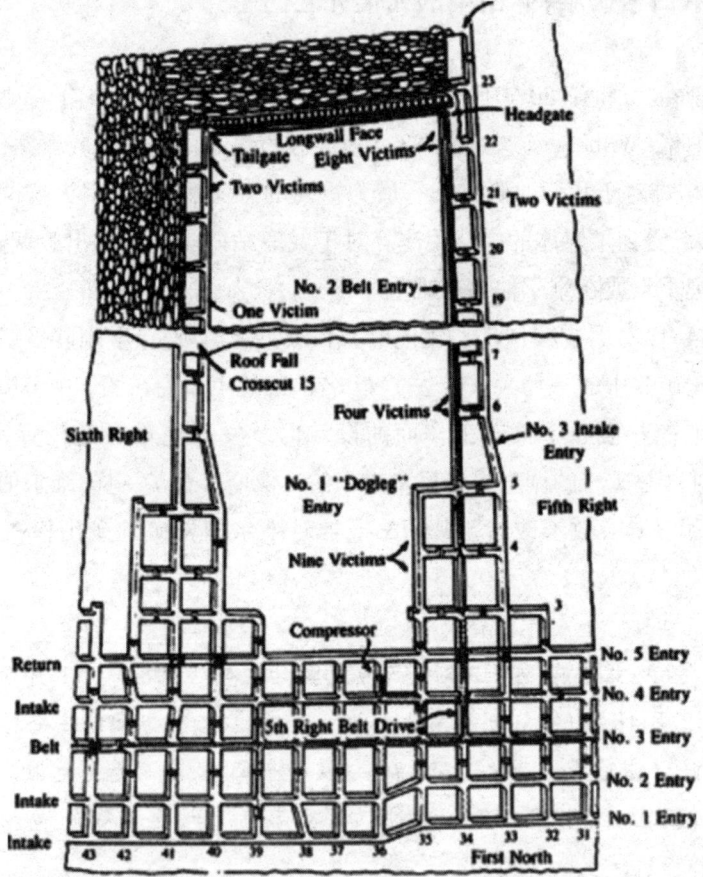

图3　1984 年 12 月 19 日犹他州 orangeville 金刚砂煤矿公司维尔伯格
地下煤矿火灾(ID. No. 42—00080)

数据来源:MSHA,1987c。

30 CFR 75.1725(a)——5 号右工作面的英格索兰空气压缩机没有维持在安全的作业状态，因为联动控制开关接触不良了，在起火前又专门在旁边安了一个高温安全阀。空气压缩机无意间被打开了，一直开了 69 个小时导致机器过热。如果操作得当的话，高温安全阀也可以阻止这场火灾……

30 CFR 75.512——根据检查记录和证人证言，应当由专门人员每周检查一次，这样才能确保 5 号右工作面的英格索兰电动压缩机处于安全作业状态，但这项检查并没有得到落实……

30 CFR 75.1704——5 号右长臂采煤工作面中的两个不同的独立逃生通道并没有保持在安全状态……挡板(stopings)的很多洞口使矿车的逃生通道很快就充满了这些有毒气体和烟雾。

30 CFR 75.1101 - 23(a)——在起火时公司所实施的安全注意事项并没有达到 MSHA 的要求，因为它们并没有解决当前采煤法中的问题，并且还规定，只有在遇到烟雾时才能使用自救工具，否则不能使用。

30 CFR 75.1704 - 2(d)——地图显示，所设计的从工作段到主逃生系统的逃生通道并没有在 5 号右工作面上标注出来。根据调查队所确定的遇难者位置以及幸存者的证言，在工作段上的几个矿工企图逃生时，他们并不知道有哪些可用的逃生路线。

30 CFR 75.1714(b)——金砂矿业公司并没有对 1984 年 12 月 19 日正在 5 号右长臂工作面工作的矿工进行足够的培训，没有人告诉他们自救工具摆放在何处，如何使用自救工具……

30 CFR 75.1105——位于 36 号横巷中压缩站中的一台英格索兰压缩机并没有被放置在具有防火结构的房子或区域内，这也使压缩机里的火很快涌进进风通道。

30 CFR 75.1107 - 1(a)(2)——位于 36 号横巷工期压缩站的电动压缩机无人值守，压缩机里含有大量易燃材料和液体，运行已经超过 24 小时的换班时间，然而也没有安放灭火系统。由于缺乏灭火系统也使大火迅速涌入进风通道。

30 CFR 75.1600 - 2(e)——位于 5 号右工作面皮带传送处的 MSA3 号公共呼叫电话并没有一直维护好，呼叫开关被发现有问题(一直保持在开的状态)，从这里无法呼叫出去。这也使传送带的人无法给他人报警起火。如果从5号工作面出的矿工能早些收到火灾报警,或许他们还有时间逃生。

就在1985年7月26日至1987年2月24日的矿难调查过程中,又签发了9张违规通知单。所有的违规表面上看都是很容易发觉的,好像也都是"重大和重要"的(用MSHA的术语来形容)。必须再次发出疑问,为何在经历了MSHA长达六周的检查之后,这些违规情况还是纹丝未动,一点都没整改?

在结束对维尔伯格矿难的讨论之前,我必须再指出一点。那些煤炭业发展的鼓吹者常常说那些工作中的伤亡者都是一些没经验者。而在维尔伯格矿,遇难者的平均采煤时间大约是7.9年:最少的也有3.25年的采煤经验,最老者甚至在矿上已经工作了42年。我的意思是说,一个人如果在不安全的条件下工作,他也是身不由己,经验也无法阻止伤亡情况的发生。

11. 对"矿难法"观点的另外两项检验

所有主要的联邦煤矿法律都是紧随在重大矿难后而制定的,这一事实也导致一些理论家坚持"矿难法"的观点,把法律描述为对社会突出问题的回应。最初的1969联邦煤矿健康和安全法是在法明顿矿难发生之后不久制定的。1977年的修正案则是在新斯科舍矿难之后通过的,这起矿难有27人遇难。

那么在1984年维尔伯格矿难之后,或者在1988年威廉站爆炸之后为什么国会完全没有跟进呢?前者矿难规模与新斯科舍矿难相差无几,后者有10名矿工遇难。和新斯科舍矿难一样,媒体也对这些事件进行了全方位报道。例如,在维尔伯格矿难中,UMWA认为是金刚砂公司的激励或奖金制度引发了事故,UMWA的这种说法也引发了大量媒体的关注。

究竟是什么导致联邦对20世纪80年代的矿难无动于衷?那是因为在过去曾经推动联邦政府的某些经济状况现在不存在了。不仅如此,尽管煤炭产量在80年代一直在增长,但所需要的工人数却一直在下降(见表18)。这些重要行业发生动荡的可能性已不存在;事实上,UMWA这个过去负责在煤田组织抗议的机构,现在则忙于对付会员不断萎缩的窘境,再也无力去推动这类立法了。

此时的政治环境也不利于新法的通过。除了里根政府反劳工的政策方向之外,里根的白宫政府所主张的放松规制立场也要求政府比以往更少介入社会事务。这个信号很快就传递到工会,并被福特所彻底执行。

1992 年 11 月,里根-布什政府积极放松规制的政策导向进一步浮现出来。这时露天开采复垦和执行地区总部办公室的高级检查员们控诉时任主任哈里·M.辛德干涉他的工作。不仅如此,这些检查员还说辛德要求他们结束调查、祛除惩罚、减少罚金和停止检查与起诉。此外,他们还同露天开采办公室的其他几位高阶管理人员一起控诉内政部长小曼纽尔·鲁强(Manuel Lujan,Jr),他知晓这些行为,但仍故意通过不作为来默认这些行为。(Schneider,1992,1,18)

因此,尽管发生了矿难,死亡率剧烈波动,损伤率也大幅度上升,但对于一个主张放松规制的政府来说仍没有理由来创制新法,因为整个工业或国家都没有面临能源危机。在 20 世纪 80 年代,几乎没发生过重大的停工事件,因为矿工一般都知道上层对待工会破坏者的态度,越来越多的人不愿意罢工。如果工人罢工的话,影响也是非常小,因为非工会的露天矿可以增加产能。

总之,80 年代的独特之处在于煤炭需求量上升,而工人需求量下降。随着矿工人数的减少,他们的影响力也跟着下降。既然无权无势,那么他们剩下能做的就是与那些前辈闲聊他们这种索然无味的人生:事实就是,尽管煤矿里依然是死伤不断,但已无人关注他们的悲欢。

第七章
结 论

法律的创制和执行是一个复杂的过程。法律是一种社会历史现象,专门用来维系特定时期的社会关系。通过本书对联邦煤矿安全和健康立法的研究,可以清楚地看出,在一个资本主义社会,用来解决基本矛盾的法律主要有两个功能:①使劳工不闹事;②维持现有的经济秩序。这种法律创制过程的最终成果就是重塑煤炭业不平等的经济关系。在实践中,这就意味着矿山中依然是死伤不断。让我们再回头看一下我这些论断所依据的资料。

在 19 世纪和 20 世纪之交,采煤业就已是一个过度发展的行业了,在这行业存在着激烈的竞争和不稳定的劳工关系。在 20 世纪前十年,不断增长的工业用煤需求以及关于政府监管新观念(被称为进步主义、企业自由主义、社团主义)的出现也创造出一种新的环境:数年来一直无人关注的矿难在 1910 年成为第一部煤矿安全法的推动者。然而根据法律所建立起来的官僚机构对于推动行业技术发展更有兴趣,对于改善工作场所安全却是兴趣寥寥。

一战是煤炭高需求时期,这时联邦政府积极介入煤炭业监管,以确保战时的煤炭供应。到了战后,煤炭业很快就一落千丈,这种状况持续到大萧条结束。一直到 30 年后才通过了第二部的煤炭安全立法。在这 30 年间,美国的煤矿又发生了许多矿难,数万名矿工遇难,但联邦并没有采取任何行动。

1941 年,联邦煤矿安全法得以通过。在这部法律通过的前一年发生了 6 起矿难,共有 277 名矿工遇难。1940 年总共死亡了 1388 人,比上一年增长了 30%。1940 年的经济状况同 1910 年类似:①煤炭需求量高;②有一个活跃的工会;③一个想避免危机的政府。

1952 年又通过了一部重要的煤矿安全法案,这与前两部法案通过时所面临的情景类似。所有这些法案基本上都在做同一件事情:那就是许诺改变但又无法提供一个实现承诺的机制。不仅如此,法律本身还存在诸多漏洞和免责条款,这也使法律难以发挥效用。联邦政府从来没有授予一个机构能有效执行法律标准的权力。

1969 联邦煤矿健康和安全法案尽管在许多方面都有进步,但较之以前的美国煤炭立法,也存在许多缺点。法律被制定出来,一是因为矿难,二是因为工人抗争,因为抗争威胁到了生产过程的平稳运行。为了避免可能的经济混乱,州通过相关法案以进行应对,以此减少工人抗争。

在法律创制阶段,政府提出了许多重要但过时的措施以改善煤矿中的工作条件。尽管 1969 年法案在某些领域提供了一个变革的平台,但几乎所有的执行法规都含有自由裁量条款,这也使法案难以发挥效用。政府设立了第一部针对违反煤矿守则者的民事处罚条款,但最后又形同虚设,一是因为政府设立了最低处罚标准,二是因为设立了暗中有利于大公司的冗长的复查程序。其他法律条款显然也更偏向于有权有势者,特别是不再区分瓦斯矿和非瓦斯矿,这也导致许多小矿和在边缘挣扎的煤炭经营者关门倒闭。

通过对 1969 年法案的研究,可以更清楚地看出,当后来可以任意解释法律时,法律是如何通过花言巧语来糊弄工人的。法律中的弹性在法律贯彻和执行阶段首次得以实现。专门设立了机构 MESA 来执行这些活动,对于州来说,MESA 是煤田中最为重要的合法机构。通过大规模的机构扩张,包括预算和人事的扩张,MESA 在煤矿中有着极强的存在感,这使其能够不断地安抚并消除煤矿工人的疑虑,这样做政府实际上是在履行其职责。然而这并没有实现它的初衷,即煤矿伤亡大幅度减少。

许多工人健康和安全政策的支持者对罗纳德·里根胜选的担心实际上也得以成真,这些人担心里根会把 20 世纪 70 年代来之不易的立法果实毁于一旦。里根政府对于管制的不待见也导致 MSHA 的使命有了重大改变,同时煤矿的事故率也开始上升。这种放松规制的效果还有待观察,但我们可以预言的是:如果放松规制的理念得以持续,如果煤炭需求量如 80 年代后期那样持续增长,那么煤矿中的伤亡率就会持续上升。

总之,由于行业、政府乃至煤炭工会都只关心产量和利润,致使法律难以发挥效力,自 1910 年以来,无效的法律致使 11 万名以上的矿工遇难。有人总希望下次能有所不同,但考虑到美国劳工运动近来的历史,华盛顿对放松规制的长期承诺以及当前的经济状况,安全状况也不太可能有什么改善。

　　可能更另人沮丧的是——有人对此类法律做过研究——如果法律只是被当作矿工的安抚工具,那么法律何以发挥它的效力? 无视我们国家正在衰落的事实,还有很大一部分人群坚定地相信美国依然在全面领导世界的虚幻神话。毫无疑问的是,我们法律依然在用这种迷人的调调给人们灌迷幻汤,但它遮掩了现实:我们的国家在人权的许多方面都谈不上进步。例如采煤安全就是我们国家无所作为而又毫不知耻的领域。但许多人仍看不到这一点,被法律的迷雾挡住了眼睛。煤田中的残酷现实仍被掩盖起来并将继续被掩盖,直到再次发生危机迫使我们面对这个现实。历史经验显示,这样推测不无道理。当这一天来临时,我们可能只是看到了另一部形同虚设的法律,依然无法阻止矿工死去,悲观地说,什么都不会改变。

注释

第一章　法律和法律创制

[1]另一个可能的理论解释就是多元主义模型,它假设社会是由许多相互竞争的利益集团所构成,这些利益集团为影响立法过程而相互博弈。因为多元主义者一般认可功能性观点:社会是围绕一系列共同价值观而演进的,州基本上就是一个秉持价值中立的实体,然而此观点并不会在这里单独列出。

第二章　18 世纪和 19 世纪:行业初显

[1]例如,考古学家发现了霍皮第安人(Hopi Indians),他们生活在现在亚利桑那州那个地方,公元前 1000 年他们就开始用煤炭烘焙泥质陶器。但他们烹饪和加热的主要材料还是木材。北美地区煤炭存在最早的历史记载是在 1673—1774 年间乔利埃特 – 马凯特(Jolliet-Marquette)的考察记录上,这个考察记录在 1680 年被拉萨尔(Lasalle)发现。

[2]烟煤行业又被划分为五个地理区域。中央区包括印第安纳、伊利诺伊、俄亥俄以及西宾夕法尼亚。这个地区历史最悠久,加入工会的比例最高。北阿巴拉契亚区域包括西弗吉尼亚州、马里兰州、东肯塔基州以及北田纳西州的煤田。阿拉巴马州、乔治亚州和南田纳西州属于南阿巴拉契亚区域。这两个区域属于典型的非工会区地区,有时一起被称为南方区域。阿肯色州、爱荷华州、堪萨斯州、密西西比州以及俄克拉荷马州为第四区。西部区包括达科他州、科罗拉多、蒙大拿、新墨西哥、犹他州、华盛顿州以及怀

俄明州。

[3]甚至说如果法律没有通过,根据全美运营的煤矿数,铁路也不可能实现它的目标。

[4]黑人劳工组织,如伯明翰和阿拉巴马地区的非裔美国人劳动和保护协会(The Africa-American Labor and Protective Association)会尽力阻止这些到处流窜的罢工破坏者,但是收效甚微。

第三章　1900—1910:进步主义十年与第一部象征性法案

[1]因为我后来没有在本书中对当代土地所有状况作出评价,所以此处要对此进行一下简要的探讨。1980 年,对阿巴拉契亚地区 6 个州内的 80 个县所进行的一项研究发现,抽样地区 72% 的地表面积都为不在场业主所有,他们都不在本县居住。除此之外,阿巴拉契亚土地所有权工作组发现,该地区 40% 的地表地权和 68% 的矿权为公司持有。在西弗吉尼亚,即莫蒙加矿难发生的地方,公司控制了 59% 的地表地权和 79% 的矿权。在阿巴拉契亚土地工作组的文献《谁拥有阿巴拉契亚? 地权及其影响》中可以看到对土地问题的精彩论述。

[2]在授权创建矿务局的最初法案中并没有提到"健康"一词(1913 年的组织法修正案才纳入健康状况促进条款)。国会对法案的辩论更多地围绕以下问题而展开:联邦政府在州内建立一个规制采煤操作的机构是否合宪。(美国国会,1910a)

第四章　1910—1968:适时生效的诸多煤矿法案

[1]很难估算工会会员的数量到底有多少,因为按时缴费的会员数变化非常大,并且常常与工会谈判是否成功密切相关。

[2]对于刘易斯时代的债务总额,参见 M. 杜博夫斯基(M. Dubofsky)和 W. 范・汀(W. Van Tine)所著的《刘易斯传》(伊利诺伊大学出版社,1986)。

[3]持续下降:1940 年仅有 90000 人在无烟煤矿工作,到了 1950 年大约有 75000 人,到了 1960 年仅存 20000 人,到了 1970 年还剩下 6000 多人。

[4]需要指出的是,这一时期在采煤技术上并没有出现明显的足以增加工人危险性的技术变革。能合理解释这些高死伤率的因素包括:①为满足战争需要而增加产能;②因为劳动力短缺而引入了无经验矿工。这一时期的矿工总数并没有增加。

第五章 1969 年联邦煤矿健康和安全法案

1.本书中的伤亡统计并不包括以下人群:即 1969 联邦煤矿健康和安全法案和 1977 年修正案第 4 条款下官方所定义的数千名尘肺病受害者:显然,把这些人排除在外使人们低估了矿工所面临的职业危险。

尽管在这个简短注释里我无法对这个问题作出最终判断,但在这里仍有必要指出三点。首先,1969 联邦煤矿健康和安全法案是联邦政府第一次承认黑肺病,认为它与采煤相关并给予一定的职业病补偿。相反,英国因黑肺病而丧失劳动能力的矿工在 1934 年就能够获得有限的工作补偿。到了1942 年,英国研究会发布了一份报告,把黑肺病视作一种新的粉尘相关疾病,一年后矿工就可以拿到黑肺病补偿。在美国,煤炭业则是千方百计拖延,一拖就是 30 年,使人们难以对这种慢性病形成正确的认识。

其次,界定黑肺病仍是一个艰难的过程。一些批评者指出,因为某些标准,仍有数千名丧失劳动能力者无法被界定为黑肺病,尽管他们无法再在这种环境下工作。

最后,20 世纪 80 年代的一项联邦调查发现,为了掩盖高粉尘水平,至少有 6 家大型煤炭公司恶意篡改煤矿粉尘测量记录。1991 年,皮博迪煤炭公司承认篡改了煤矿安全监测记录,并同意支付 50 万美元罚金,这是 MSHA史上最大的单笔罚金,也是皮博迪公司因为篡改粉尘记录而第二次认罪,这些粉尘测量记录有助于保护矿工远离黑肺病。根据 UMWA 官员的说法,"联邦政府通知我们说,还有 400 到 600 个矿因为犯同类错误而被调查"(施耐德,1991)。如果这句话是真的,这将意味着大约有三分之一的矿井雇主故意忽视这些为其卖命的矿工的健康。

2.本章的分析源于四个重要数据库:①《内政部长关于联邦煤矿健康和安全法案执法情况的年度报告》中全国统计数据,以及其他机构的公开出版物。②作为事故预防项目的一部分,MESA 对 85 个地下矿井的随机抽样数据。③对这 85 个地下矿井进行的二次抽样,抽取了 22 个矿井,用于一系列更加详尽具体的案例研究。二次抽样的样本包括斯科舍矿,在 1976 年该矿发生的矿难中有 23 名矿工丧生。还有斯特恩斯贾斯汀煤矿(Stearns Justin Mine),在这里 UMWA 矿工为安全状况曾进行了一场持续两年的罢工。④在 MESA(即后来的 MSHA)位于弗吉尼亚州阿灵顿的总部,通过 MESA 的合作者及煤炭经营者对 MESA 官员进行了面对面访谈,同时还对科罗拉多丹佛的 MESA 官员以及宾夕法尼亚、肯塔基州以及西弗吉尼亚州的矿山检查员进行了电话访谈。

3. 此处所展示的执法模式对于美国资本主义来说并不鲜见,在 1979 年斯特恩斯(Stearns)的瑞典职业研究中就曾显示,矿山检查都是一开始轰轰烈烈,然后就逐渐销声匿迹。斯特恩认为,政府提升和改善矿山健康和安全状况的承诺只不过是为了应付 1969 年的矿工自发性大罢工。不仅如此,她还认为,所设立的机构表面上是为了保护工人的安全和健康,和赚钱无关,但实际上它不过是为了解决瑞典政治经济的困境。瑞典承诺通过强化督查进行规制,在此基础上扩编人事,增加预算。一旦问题有所缓解,州会逐渐减少这种盯梢式的检查,之后所谓的检查只不过是为了维持这个花架子。

4. 生产过程的差异并不能说明这种不同,它可能源于更早时期欧洲对该问题的承认以及围绕健康和安全问题所建立的更有效的工人组织。

5. 根据 1974 年 UMWA－BCOA 的协议,建立了两个不同的基金:1950 年的收益信托基金和 1974 年的受益信托基金。根据协议,受益被分为两份,分别分给两个基金。这样当一个基金枯竭时,另一个基金可能还有钱。

第六章　变化中的行业,变化中的标准

1. 对长臂技术以及该技术对采煤职业影响的详尽讨论,参见基斯·迪克斯(Keith Dix)的著作《一个煤矿工人能做什么——采煤机械化》。

2. 这项研究也探讨了放松规制对 EPA 员工的影响。研究发现,EPA 时期的士气甚至比 MSHA 时期的士气还要低落。

参考文献

Adams, Thomas K. 1900. "Accidents in Coal Mines: Comparison between the Coal Production and Number of Accidents and Their Causes in Different States and Countries." *Mines and Minerals* 21:53 – 55.

Appalachian Land Ownership Task Force. 1983. *Who Owns Appalachia? Landownership and Its Impact.* Lexington: University Press of Kentucky.

Armbrister, Trevor. 1976. *Act of Vengeance : The Yablonski Murders and Their Aftermath.* New York: E. P. Dutton.

Atleson, James B. 1983. *Values and Assumptions in American Labor Law.* Amherst: University of Massachusetts Press.

Aurand, Harold. 1971. *From the Molly Maguires to the United Mine Workers : The Social Ecology of an Industrial Union, 1869 – 1897.* Philadelphia, Pa.: Temple University Press.

Ayres, B. Drummond. 1989. "Coal Strike: Armageddon for UMWA and Leader?" *New York Times*, August 15, A17.

Backman. Jules. 1950. *Bituminous Coal Wages, Profits, and Productivity.* Washington, D. C.: Southern Coal Producers' Association.

Balbus, Isaac. 1977. "Commodity Form and Legal Form: An Essay on the 'Relative Autonomy' of Law." *Law and Society Review* 11:871 – 88.

Beirne, Piers. 1979. "Empiricism and the Critique of Marxism on Law and Crime." *Social Problems* 26: 373 – 85.

Bell, Daniel. 1960. *The End of Ideology.* Glencoe, Ill.: Free Press.

Bethell, Thomas N. 1972. *The Hurricane Creek Massacre.* New York: Harper and Row.

Block, Fred. 1987. *Revising State Theory : Essays in Politics and Postindustrial-*

ism. Philadelphia, Pa.: Temple University Press.

Boden, Leslie I. 1985. "Government Regulation of Occupational Safety: Underground Coal Mine Accidents, 1973 – 75. "*American Journal of Public Health* 75: 497 – 501.

Braithwaite, John. 1985. *To Punish or Persuade : Enforcement of Coal Mine Safety*. Albany: State University of New York Press.

Bulmer, M. I. A. 1975. "Sociological Models of the Mining Community. " *Sociological Review* 23:61 – 92.

Caudill, Harry. 1963. *Night Comes to the Cumberlands*. Boston: Little, Brown.

———. 1977. "Dead Laws and Dead Men: Manslaughter in a Coal Mine. " *The Nation*, April 23, 492 – 97.

———. 1983. *Theirs Be the Power : The Moguls of Eastern Kentucky*. Urbana: University of Illinois Press.

Chambliss, William J. 1979. "Contradictions and Conflicts in Law Creation. " *Research in Law and Sociology* 12: 3 – 27.

Chicago Record. 1898. October 14, 1.

Chicago Times-Herald. 1897. July 3, 1.

———. 1898. October 13, 1.

Clark, Gordon L., and Michael Dear. 1984. *State Apparatus : Structures and Language of Legitimacy*. Boston: Allen & Unwin.

Coal Age. 1925. March 19, 437.

Collins, Justin. 1911. "Letter from Felts to Justin Collins. " *Collins Papers*.

Connolly, William, ed. 1984. *Legitimacy and the State*. New York: New York University Press.

Daily Labor Report. 1977. Vol. 67. April 6.

David, John P. 1977. "The 1950 United Mine Workers of America (UMWA) Health and Retirement Fund: Its Troubled History. " In *Essays in Industrial Relations*. West Virginia Chapter of Industrial Research Administration, no. 2. December.

Della Fave, Richard. 1986. "Toward an Explication of the Legitimation. " *Social*

Forces 65: 476 – 500.

Dix, Keith. 1977. *Work Relations in the Coal Industry : The Hand Loading Era, 1880 – 1930*. West Virginia: Institute for Labor Studies, West Virginia University.

———. 1988. *What's a Coal Miner to Do ? The Mechanization of Coal Mining*. Pittsburgh, Pa.: University of Pittsburgh Press.

Domhoff, G. William. 1967. *Who Rules America ?* Englewood Cliffs, N. J.: Prentice-Hall.

———. 1970. *Higher Circles*. New York: Random House.

———. 1978. *The Powers That Be : Processes of Ruling Class Domination in America*. New York: Random House.

———. 1990. *The Power Elite and the State : How Policy Is Made in America*. Now York: Walter de Gruyter.

Dubofsky, Melvyn, and warren Van Tine. 1986. *John L. Lewis : A Biography*. Urbana: University of Illinois Press.

Durkheim, Emile. 1964. *The Division of Labor in Society*. Trans. George Thompson. New York: Free Press.

Eavenson, Howard. 1942. *First Century and a Quarter of the American Coal Industry*. Baltimore, Md.: Waverly Press.

Edelman, Murray. 1964. *The Symbolic Uses of Politics*. Urbana: University of Illinois Press.

Edwards, P. K. 1981. *Strikes in the United States*. New York: St. Martin's Press.

Engineering and Mining Journal. 1888. "The Industrial Condition, Past and Present." Sept. 1, 16.

Evans, Chris. 1920. *History of the U. M. W. A*. Indianapolis: United Mine Workers of America.

Everling, Clark. 1983. "Railroads, Public Policy, and Unionism in the Political Economy of the Coal Industry." *Labor Studies Journal* 7 (Winter): 216 – 31.

Finley, Joseph. 1972. *The Corrupt Kingdom : The Rise and Fall of the United*

Mine Workers. New York: Simon and Schuster.

Fisher, Waldo, and Charles James. 1955. *Minimum Price Fixing in the Bituminous Coal Industry.* Princeton, N. J.: Princeton University Press.

Gaertner, Gregory H., Karen N. Gaertner, and Irene Devine. 1983. "Federal Agencies in the Context of Transition: A Contract between Democratic and Organizational Theories." *Public Administration Review* 43: 421 – 32.

Galloway, Robert L. 1971. *Annals of Coal Mining and the Coal Trade*, vols. 1 and 2. London, England: Colliery Guardian Company.

Gaventa, John. 1980. *Power and Powerlessness : Quiescence and Rebellion in an Appalachian Valley.* Chicago: University of Illinois Press.

Golden, C., and H. Ruttenberg. 1942. *The Dynamics of Industrial Democracy.* New York: Harper.

Goodrich. Carter. 1925. *The Miner's Freedom : A Study of the Working Life in a Changing Industry.* Boston: Marshall Jones.

Goplerud, Peter. 1983. *Coal Development and Use.* Lexington, Mass.: Lexington Books.

Gordon, Richard. 1978. *Coal in the U. S. Energy Market.* Lexington, Mass.: Lexington Books.

Graebner, William. 1976. *Coal-Mining Safety in the Progressive Period : The Political Economy of Reform.* Lexington: University Press of Kentucky.

Griffin, Phillip E. 1972. *Industrial Concentration and Firm Diversification in Bituminous Coal with Special Reference to the Southeastern United States, 1950 – 1970.* Knoxville, Tenn.: Appalachian Resources Project.

Habermas, Jurgen. 1973. *Legitimation Crisis.* Boston: Beacon Press.

Hannah, Richard, and Garth Mangum. 1985. *The Coal Industry and Its Industrial Relations.* Salt Lake City: Olympus.

Harris, Richard A. 1985. *Coal Firms under New Social Regulations.* Durham, N. C.: Duke University Press.

Hawley, Mones. 1976. *Coal, Part 1 : Social, Economic, and Environment Aspects.* Stroudsburg, Pa.: Dowden, Hutchinson, and Ross.

Hirst, Paul. 1972. "Marx and Engels on Law, Crime, and Morality." *Economy and Society* 1: 28 – 56.

Holt, James. 1967. *Congressional Insurgents and the Party System : 1909 – 1916.* Cambridge, Mass.: Harvard University Press.

Hopkins, Andrew, and Nina Parnell. 1984. "Why Coal Mine Safety Regulations in Australia Are Not Enforced." *International Journal of the Sociology of Law* 12: 179 – 94.

Hunt, Edward E., F. G. Tryon, and Joseph H. Willits. 1925. *What the Coal Commission Found.* Baltimore, Md.: Williams &Wilkins.

Illinois State Bureau of Labor Statistics. 1888. *Illinois Annual Coal Report.* Springfield.

Interstate Joint Conference. 1898 – 1920. *Proceedings of the Interstate Joint Conference.*

Jackson, Carlton. 1982. *The Dreadful Month.* Bowling Green, Ohio: Bowling Green University Press.

Johnson, James. 1979. *The Politics of Soft Coal : The Bituminous Industry from World War I through the New Deal.* Urbana: University of Illinois Press.

Klare, Karl E. 1982. "Labor Law and the Liberal Political Imagination." *Socialist Review* 12: 45 – 71.

Kolko, Gabriel. 1963. *The Triumph of Conservatism.* New York: Free Press of Glencoe.

———. 1965. *Railroads and Regulations.* Princeton, N. J.: Princeton University Press.

Lewis, Brian. 1971. *Coal Mining in the Eighteenth and Nineteenth Centuries.* Bristol, England: Longman.

Lewis-beck. Michael S., and John R. Alford. 1980. "Can Government Regulate Safety: The Coal Mine Example." *American Political Science Review* 74: 745 – 56.

Lubin, Isador. 1924. *Miners' Wages and the Cost of Coal.* New York: McGraw-Hill.

McAteer, J. Davitt. 1973. *Coal Mine Safety and Health : The Case of West Virginia*. New York : Praeger.

McCammon, Holly J. 1990. "Legal Limits on Labor Militancy : U. S. Labor Law and the Right to Strike since the New Deal. " *Social Problems* 37 : 206 – 29.

McCarthy, Thomas. 1978. *The Critical Theory of Jurgen Habermas*. New York : MIT.

McDonald, David, and Edward Lynch. 1939. *Coal and Unionism : A History of the American Coal Miners' Unions*. Silver Springs, Md. : Cornelius Printing.

Marschall, David. 1978. "The Miners and the UMW : Crisis in the Reform Process. " *Socialist Review* 8 : 65 – 115.

Marx, Karl. 1867 (1957). *Capital*. Vol 1. New York : Humboldt.

Marx, Karl, and Friedrich Engels. 1965. *The German Ideology*. London, England : Lawrence and Wishart.

Menzel, Donald C. 1983. "Redirecting the Implementation of a Law : The Reagan Administration and Coal Surface Mining Regulation. " *Public Administration Review*, September-October, 411 – 20.

MESA. (Mining Enforcement and Safety Administration). 1970 – 1977. *Annual Report of the Secretary of the Interior on the Administration of the Federal Coal Mine Health and Safety Act of 1969*. Washington, D. C. : U. S. Government Printing Office.

———. 1975 – 1977. *MESA Accident Prevention Study*. Washington, D. C. : U. S. Government Printing Office.

Militant, The. 1977. "Miller Says Coal Industry Asks for 1930's Contract. "Vol. 41. November 11.

Mills, C. Wright. 1956. *The Power Elite*. New York : Oxford University Press.

———. 1959. *The Sociological Imagination*. New York : Oxford University Press.

Mitchell, John. 1903. *Organized Labor*. Philadelphia, Pa. : American Book and Bible House.

Mollenkopf, John. 1975. "Theories of the State and Power Structure Research. " *The Insurgent Sociologist* 3 : 249.

MSHA (Mine Safety and Health Administration). 1978 – 1988a. *Mine Injuries and Worktime*, *Quarterly*. Washington, D. C.: U. S. Department of Labor.

———. 1978 – 1988b. *Annual Report of the Secretary of Labor under the Federal Mine Safety and Health Act of 1977*. Washington, D. C.: U. S. Department of Labor.

———. 1987c. *Report of Investigation : Underground Coal Mine Fire*, *Wilberg Mine*. Washington, D. C.; U. S. Department of Labor.

National Coal Association. 1985. *Facts about Coal*, *1985 – 1986*. Washington, D. C.: National Coal Association.

National Labor Relations Board. 1933. "Announcement of the Labor and Industry Advisory Boards of the National Recovery Administration. " 5 August. In *Records of the National Labor Relations Board*. Washington, D. C.: Record Groups 25 of the National Archives and Records Services.

Navarro, Peter. 1983. "Union Bargaining in the Coal Industry. " *Industrial and Labor Relations Review* 36: 212 – 29.

Navarro, Vicente. 1983. "Radicalism, Marxism, and Medicine. " *International Journal of Health Services* 13: 179 – 202.

New York Times. 1972. "U. S. Court Orders Mine Union to Hold Supervised Election. " June 17, A1.

———. 1977. "180,000 Start in the Coalfields as Talks Break Off. " December 6, Al.

———. 1978a. "Retired Miners Complain at Pension Cutoff. " January 18, A1.

———. 1978b. "Miners Vote Today on New Pact: Union Denies withholding Relief. " March 24, A14.

———. 1978c. "The Miners Contract is Signed, Construction Crew Pact is Next. " March 26, A12.

Nyden, Paul. 1974. *Miners for Democracy : Struggle in the Coal Fields*. New York: Columbia University Dissertation.

———. 1978. "Rank and File Organizations in the United Mine Workers of America. " *The Insurgent Sociologist* 8: 25 – 39.

Obenauer, Marie. 1924. "Living Conditions among Coal Mine Workers of the U-
    nited States. " In *The Annals*, vol. 111, edited by L. S. Rowe. Philadelphia,
    Pa.: American Academy of Political and Social Science.

O'Connor, James. 1973. *The Fiscal Crisis of the State*. New York: St. Martin's
    Press.

———. 1984. *Accumulation Crisis*. New York: Basil Blackwell.

Perlman, Selig. 1922. *A History of Trade Unionism in the United States*. New
    York: Macmillan.

Perlman, Selig, and Philip Taft. 1935. *History of Labor in the United Stares, 1896
    – 1932*. New York: Macmillan.

Peterson, Iver. 1984. "27 Are Missing as Blaze Rages in a Utah Mine. " *New
    York Times*, December 21, 1.

Pittsburgh *Dispatch*. 1907. December 9.

St. Louis Post-Dispatch. 1969. February 13, 1.

Schneider, Keith. 1991. "Coal Company Admits Safety Test Fraud. " *New York
    Times*, January 19, 14.

———. 1992. "U. S. Mine Inspectors Charge Interference by Agency Director. "
    New York Times, November 22, 1, 18.

Seltzer, Curtis. 1985. *Fire in the Hole : Miners and Managers in the American Coal
    Industry*. Lexington: University Press of Kentucky.

Sklar, Martin J. 1988. *The Corporate Reconstruction of American Capitalism, 1890
    – 1916 : The Market, the Law, and Politics*. New York: Cambridge Univer-
    sity Press.

Stearns, Lisa. 1979. "Fact and Fiction of a Model Enforcement Bureaucracy: The
    Labor Inspectorate of Sweden. " *British Journal of Law and Society* 6:1 –
    23.

Suffern, Arthur. 1915. *Conciliation and Arbitration in the Coal Industry of Ameri-
    ca*. Boston: Houghton Mifflin.

———. 1926. *The Coal Miners' Struggle for Industrial Status : A Study of the E-
    volution of Organized Relations and Industrial Principles in the Coal Indus-*

try. New York: Macmillan.

Thompson, Alexander Mackenzie. 1979. *Technology, Labor, and Industrial Structure of the United States Coal Industry : An Historical Perceptive*. New York: Garland Publishing.

Tomlins, Christopher L. 1986. *The State and the Unions : Labor Relations, Law, and the Organized Labor Movement in America, 1880 – 1960*. Cambridge, England: Cambridge University Press.

Turkel, Gerald. 1981. "Rational Law and Boundaries Maintenance: Legitimating the 1971 Lockheed Loan Guarantee. " *Law and Society Review* 15: 41 – 77.

UMWA (United Mine Workers of America). 1890. *The Constitution of the United Mine Workers of America*.

————. 1898. *Report of United Mine Workers Convention*.

————. 1910. *UMWA Journal*, May 31.

————. 1911. *Report of United Mine Workers Convention*.

————. 1924. *Report of United Mine Workers Convention*.

————. 1974. *UMWA Journal*, March 1 – 15, 3.

————. 1976. *It' s Your Union. Pass It On : Officers Report*. Washington, D. C.: United Mine Workers of America.

————. 1978. *UMWA Health and Retirement Funds News Release*. Washington, D. C.: United Mine Workers of America.

U. S. Bureau of Mines. 1930 – 1976. *Minerals Yearbook*. Washington, D. C.: U. S. Government Printing Office.

————1977. U. S. *Coal Development—Promises, Uncertainties*. Washington, D. C.: U. S. Government Printing Office.

U. S. Coal Commission. 1923. *Report on Bituminous Mine Workers and Their Homes*. Washington, D. C.: U. S. Government Printing Office.

U. S. Commissioner of Labor. 1887, 1894, 1901,1905. *Annual Report*. Washington, D. C.: U. S. Government Printing Office.

U. S. Congress. 1902. *Congressional Record*. 57th Cong.,1st sess. 1128 – 29.

————. 1910a. *Congressional Record*. January 25, 971 – 1004.

————. 1910b. *Congressional Record.* May 10, 6039.

————. 1939. *Congressional Record.* April 21, 1589.

————. 1941. *Congressional Record.* March 13, 2241.

————. 1952. *Congressional Record.* July 2, 8950, 8964.

————. 1960a. *Congressional Record.* April 27, 8710 – 15, 8721.

————. 1960b. *Congressional Record.* August 31, 18758.

————. 1969. *Congressional Record.* October 29, 32051 – 52.

————. 1970. *Federal Coal Mine Health and Safety Act of 1969*, *Public Law 91 – 173*, *S2917.* 91st Cong. Washington, D. C.: U. S. Government Printing Office.

————. 1977. *Federal Surface Mining Control and Reclamation Act of 1977*, *Public Law 95 – 87.* 95th Cong. Washington, D. C.: U. S. Government Printing Office.

U. S. Department of the Interior. 1978. *MESA Safety Reviews* : *Coal Mine Injuries and Worktime.* Washington, D. C.: U. S. Government Printing Office.

U. S. Energy Information Administration. 1977 – 1978. *Bituminous Coal and Lignite Production and Mine Operations.* Washington, D. C.: U. S. Government Printing Office.

————. 1979 – 1985. *Coal Production.* Washington, D. C.: U. S. Government Printing Office.

U. S. House of Representatives. 1922. Committee on Labor. *Investigation on Wages and Working Conditions in the Coal Mining Industry.* 67th Cong. Washington, D. C.: U. S. Government Printing Office.

————. 1941. Committee on Mines and Mining. *Investigations in Coal Mines.* HR 168. 77th Cong., 1st sess. Washington, D. C.: U. S. Government Printing Office.

————. 1952. *Prevention of Major Disasters in Coal Mines.* HR 2368. 82d Cong. Washington, D. C.: U. S. Government Printing Office.

————. 1969. Committee on Education and Labor. *Hearings on Coal Mine Health and Safety* : *Bills HR 4047*, *HR 4295*, *HR 7976.* 91st Cong., 1st sess.

Washington, D. C.: U. S. Government Printing Office.

———. 1970. Committee on Education and Labor. *Legislative History : Federal Coal Mine Health and Safety Act of 1969*. 91st Cong., 1st sess. (1969). Washington, D. C.: U. S. Government Printing Office.

———. 1973. *Regulation of Surface Mining*. Joint hearings before the House Subcommittee on Environment and Subcommittee on Mines and Mining. 93d Cong., 1st sess. Washington, D. C.: U. S. Government Printing Office.

U. S. Industrial Commission. 1902. *Report on Immigration*. Washington, D. C.: U. S. Government Printing Office.

U. S. Senate. 1947. *Establishing a Code for Health and Safety in Coal and Lignite Mines of the United States*. Washington, D. C.: U. S. Government Printing Office.

———. 1969. Committee on Education and Labor. *Hearings before the Subcommittee on Labor*. 91st Cong. Washington, D. C.: U. S. Government Printing Office.

———. 1972. Committee on Labor and Public Welfare. Subcommittee on Labor. *Report on the Legislative History of the Federal Coal Mine Health and Safety Act*. Senate Report 91 – 411. 92d Cong. Washington, D. C.: U. S. Government Printing Office.

———. 1976a. Committee on Labor and Public Welfare. Subcommittee on Appropriations. *Hearings before the Committee on Appropriations*. 94th Cong. Washington, D. C.: U. S. Government Printing Office.

———. 1976b. Committee on Labor and Public Welfare. Subcommittee on Labor. *Hearings on Federal Mine Safety and Health Amendments Act of 1976*, S 1302. 94th Cong., 2d sess. March 24, 25, 30, 31. Washington, D. C.: U. S. Government Printing Office.

———. 1977. Committee on Human Resources. Subcommittee on Labor. *Hearings on Federal Mine Safety and Health Act of 1977*, S717. 95th Cong., 1st sess. March 30, 31, and April 1. Washington, D. C.: U. S. Government Printing Office.

———. 1978. Committee on Human Resources. Subcommittee on Labor. *Legislative History of the Federal Mine Safety Act of 1977*. 95th Cong., 2d sess. Washington, D. C.: U. S. Government Printing Office.

Van Kleeck, Mary. 1934. *Miners and Management*. New York: Russell Sage Foundation.

Wald, Matthew L. 1990. "Coal Mine Robots Lift an Industry. " *New York Times*, February 8, D1, D5.

Wallace, Anthony. 1987. *St. Clair : A Nineteenth-Century Coal Town's Experience with a Disaster-Prone Industry*. New York: Alfred A. Knopf.

Wallace, Michael. 1987. "Dying for Coal: The Struggle for Health and Safety Conditions in American Coal Mining, 1930 – 1982," *Social Forces* 66: 336 – 64.

Weber, Max. 1954. *On Law in Economy and Society*, edited by M. Rheinstein. Chicago: University of Chicago Press.

Weeks, James L., and Maher Fox. 1983. "Fatality Rates and Regulatory Policies in the Bituminous Coal Mining, United States, 1959 – 1981," *American Journal of Public Health* 72:1278 – 80.

West Virginia Collection. N. d. *Coal Wage Agreements*. West Virginia University Library.

Wieck, Edward A. 1942. *Preventing Fatal Explosions in Coal Mines*. New York: Russell Sage Foundation.

Witt, Matt. 1976. *Proud to Be a Miner : United Mine Workers Journal*. June-July (bicentennial issue).

译后记

一

　　翻译此书的想法源于本人所主持的科研项目"美国矿山安全治理的政治过程"。长久以来,我们对于矿山安全治理一直秉承着技术主义的思维,即认为矿山安全事故往往源于安全技术的落后,要想解决安全事故问题,应当从安全技术上着力。基于这种思维,我们常常在如何消除瓦斯事故、透水事故、塌方事故、矿难救援等一系列技术问题上着力。不可否认,安全技术的进步对于安全问题的好转起着直接而关键的推动作用。正是由于安全技术与安全后果之间的这种显而易见的逻辑关系,使很多人认为安全技术的进步是解决矿山安全问题的不二法门。但事实并非如此。在影响矿山安全问题的诸多因素中,技术是其他诸多因素综合作用下所呈现的最终结果,但它绝不是问题的全部,在其背后还存在着政治和管理等因素。如果把政治、管理和技术三种因素放在一起来看的话,只能说技术处于最表层的位置,管理则处于中间层的位置,政治则是处于最深层的位置。是政治因素推动了政府矿山安全治理的变革,而安全治理的变革则进一步推动了安全技术的发展。

　　不仅矿山安全治理如此,社会治理也是如此。对于大众来说,最直观的感觉是技术推动了社会进步,很多人秉持着"技术决定论"的观点。但我们必须看到,技术尤其是应用技术往往不是技术本身所催生的,而是市场需求和制度催生了技术。很多技术没有产生并非技术本身的原因,而是缺乏足够的市场动力和有效的制度激励。回到矿山安全治理问题上,我们同样可以发问:是什么促使了我们对安全技术的重视? 是什么促使了我们对矿山安全治理的重视？显然仅仅用技术进步不足以解释我国近二十年来矿山安全治理的巨大进步。如果说要寻找一个终极答案的话，那就是"政治"。矿山安全治理的政治环境已经发生了变化，政治压力的增大迫使政府必须高度重视矿山安全治理问题。秉持这种观点并非因为本人从事政治学研究，从而带有一种所谓的"学科偏见"，把政治当作所有问题的终极解释。我一直认为，把所有问题都归咎于政治原因属于思维上的懒惰，政治不足以解释这个世界的全部，也不足以解决全部的问题。除了政治之外，我们还需要治理和善治，我们还需要解决问题的种种技术方案，这些都是政治所无法涵盖的。但我也同样认为，在解决问题时把政治因素排除在外，不考虑政治因素的影响同样也是肤浅的，也难以触及问题的根本。政治作为一种权威的资源分配方式，渗透到社会的每一个角落。安全技术发展和安全治理作为一种国家行政行为，一定是政治决策的结果。我们也只有从政治层面来审视它，才能从战略上认清矿山安全问题的来龙去脉。

回到前面的问题，是什么样的政治压力促使矿山问题进入了政治议程，使之成为政府最为重视的问题？对于我国来说，矿山安全问题并非一开始就能进入政治议程。起码在公元 2000 年以前，矿山安全还没有成为一个全民问题。尽管彼时采煤业百万吨死亡率远远高于现在的水平，但由于传播渠道所限，那时的矿难的影响范围也仅仅局限于行业内部，难以成为公众话题。学者对该问题的关注也是始于 2005 年以后。现在犹记得 2004 年时我带领学生做相关问题毕业论文时的情景，查阅文献困难重重，学者的深度研究文献严重匮乏，最后也只能从相关的新闻报道中寻找相关问题的蛛丝马迹。

2000 年以后，尤其是 2004 年以后，矿难问题之所以能够进入公众议程，进而进入政府议程，首要原因就是互联网时代的到来，尤其是自媒体时代的到来使矿山安全事故，尤其是重特大安全事故开始进入大众视野，进而成为大众话题。当矿山安全问题成为社会关注的焦点时，政府就会感受到来自社会的政治压力，很难再像以前那样在内部按部就班地缓慢处理。虽然我国各级政府没有面临即时的选举压力，但"带血的煤炭"这一标签也会对政府合法性构成一定的冲击。为了彰显政府对生命的重视，政府也必须将矿山安全问题置于优先级的位置。相对而言，中央政府比地方政府所面临的政治压力更大。中央会通过直接的政策宣誓来表明自己解决问题的决心，以安抚民心，同时也会把政治压力向下级层层传递。地方政府虽然不直接面对民众的压力，但对来自中央的政治压力却不得不重视。这种压力包括安全问题一票否决制度、引咎辞职制度等。地方政府作为安全管理的主体，面对这种压力不得不把矿山安全问题置于更为重要的政策议程序列上。尽管如此，地方作为安全管理和矿山利益的双重主体，时刻面临着安全和经济利益的冲突，安全作为一种"可能性"事件，当面临着经济收益这种"必然性"事件时，个别地方政府不免会选择经济利益而忽视安全。

为了破除地方政府利益的藩篱，我国还改革了煤矿安全监管体制，2000年以后升级了国家安全监管机构的级别，从副部级的国家安监局升格为正部级的安监总局，同时改革管理体制，从原来的属地化管理改为跨区域的垂直化管理，形成地方主管、国家主监的安全管理体制。到了2018年，在原国家安监总局的基础上，整合了其他部门的应急管理职能，成立国家应急管理部，进一步推动了我国安全监管能力的提高。

第二个重要原因是我国经济发展所带来的煤炭发展"黄金十年"。自2004年开始，我国煤炭业发展开始了十年之久的高速增长时期，无论是煤炭产量还是煤炭价格都有大幅度增长。煤炭价格是原来的数倍，煤炭产量增长了数十倍。煤炭产量的快速扩张客观上带来了安全生产的压力。煤矿生产的绝对死亡人数、重特大安全事故的发生频率在短期内也出现了大幅度增长。虽然说百万吨死亡率并没有增长，但对于公众来说，他们所关注的是绝对死亡人数的概念，只要不断看到各种矿难新闻，公众就会感到安全问题很严重，就会要求政府解决这个严重的问题。安全生产的压力不仅仅来自产量增加，还来自煤炭生产主体的增多。由于煤炭的高利润，各种投机性资本纷纷进入煤炭开采行业，也就是俗称的"小煤窑"。很多资本所有者通过寻租等手段获得开采权，地方官员通过隐蔽性方式参与煤矿经营和分红，从而在短期内涌现出了一大批暴富的所谓"煤老板"。这种投机性资本为了更大利润，必然要以牺牲安全生产为代价，使安全形势更加严峻，客观上也增大了政府的政治压力。

第三个重要原因是我国政府执政理念发生了变化，从之前的以经济建设为中心转向以人民为中心的发展理念，从以前的"效率优先，兼顾公平"转向效率与公平兼顾。发展理念转变不仅仅是外部客观环境变化的结果,也是中国共产党审时度势而自我选择的结果。需要指出的是,同样作为一种压力型政治体制,我国与西方不同的是,西方政治体制是一种典型的外部型压力体制,即政府政策往往是对社会舆论的一种应激性反应。这种应激性反应虽然从某种程度上满足了社会的需求,但也会呈现出"滞后性"和"民粹性"的双重特征。可能有些安全问题虽然很严重,但由于不具有新闻效应,也就不存在所谓的外部政治压力,这样很多安全问题也就很难进入到政府议程中来,往往是等到事态发展严重,构成了严重社会问题,形成强大的外部政治压力时,政府才会投之以关爱的眼神。另一方面,政治家们为了自己的政治利益,往往也会完全跟着舆论走,对民众是予取予求。但问题是,舆论就一定是对的吗?就一定是理性的吗?对于安全问题来说,要求少死人乃至不死人是一种完全的政治正确。为了满足这种政治正确,我们甚至可以不惜代价来追求安全目标。但安全问题复杂的是,它无法通过这种简单的线性思维来得到解决。可能我们付出很大的代价也无法实现这种所谓的绝对安全,安全与生产永远是一对矛盾体,要想得到绝对的安全也只能停止生产。但停止生产就能得到安全吗?显然不能。比如在煤炭行业,停止采煤可以从根本上杜绝安全生产事故。但在煤炭还是主要能源的前提下,停止开采可能会引发更大的"安全"事故,只不过这种"安全"事故不会以矿难这种具有新闻冲击力的事件形式表现出来,而是以其他隐性的方式表现出来,比如造成矿工失业、其他能源价格上升所带来的家庭生活成本的普遍上升等。因此,我们所追求的安全只能是生产中的安全、发展中的安全,而不是无生产的安全、无发展的安全。我们看待矿山安全问题不能仅仅停留在矿山上,而应站在更高的视野、更大的范围来看。不同领域的安全问题是相互制约、相互平衡的,过于追求某一领域的安全可能会导致其他领域的不安全。

对于我国当前来说,要树立的是一种"总体安全观",而不是偏执于某领域的安全。我们要从总体上把握安全的实质、内涵和要求,才能实现全社会总体安全水平的提高。对于中国来说,不同于西方的外部压力型政治体制,我们的压力不仅源于外部压力,同时也来自于中国共产党的"自我加压"。中国共产党能基于对安全问题的深刻认识、对安全问题规律的深刻把握而主动进行政策调整。这种政策调整既满足了民众对于安全问题的需求，也没有抛弃其他问题而去追求绝对安全。

二

正是基于这种思路和逻辑，本人开始关注"矿山安全治理政治过程"这一研究领域。美国作为世界上矿山安全治理最为成功的国家之一，其治理的政治动力是什么？有哪些政治力量参与了其治理过程？带着这些问题我开始关注美国矿山安全治理的政治过程。而柯伦教授的著作《黑洞——美国联邦煤矿健康与安全立法政治学》就是这一研究领域最为重要的成果之一。他通过亲身的调查和详实的资料为我们勾画出美国 20 世纪煤矿安全治理的图景。不过于我们而言，对这本书会产生一种既熟悉又陌生的感受。说其熟悉，是因为这是一部基于马克思主义立场的著作。其研究视角和研究方法都是基于马克思主义阶级立场，这样在阅读时很容易进入其话语系统，看到其中所引用的马克思著作原文就会有一种似曾相识的感觉。说其陌生，是因为这和我们所想象或者说所期待的西方著作不同。以往我们所接触的西方学者或者说西方学术著作，多是建构在以自由主义为基础的西方话语体系和知识逻辑之上。

近几十年来，大量西方此类著作被译介到国内，并逐渐成为了我国知识界的主流话语体系。在这种背景下，就容易产生一种错觉，以为西方就是"自由主义"的，马克思主义在西方是被边缘化的。不得不说，这是对西方的"误读"，并且是我们一厢情愿式地误读。马克思主义在西方，乃至更为自由主义倾向的美国，非但没有被边缘化，反而在学术界占据有重要的位置。作为马克思主义者的柯伦教授，更是长期在美国戴顿大学担任校长。如果从更宽泛的政治光谱来看，包含社会主义思想在内的左派思想在美国非但没有被边缘化，反而是在高校占据了主流地位。无论是教师和学生，无不以自己的左派思想为荣。我们所想象的美式自由主义笼罩下的高校却孵育出一大批"以天下为己任"的学生，关注弱势群体、贫困地区、贫富差异、社会公平、消费伦理等，以至于在美国高校，左派思潮成为了一种政治正确。特朗普虽然试图打破这种政治正确，但在知识精英云集的高校和媒体界，他的言论依然是被大力抨击的对象。这种思想图景与我国高校大异其趣。在我国，马克思主义思想作为根本指导思想占据统治地位，但在整个思想市场上，不得不说，自由主义思想占据了一定的位置，对国家作用的否定、对完全市场的信奉成为民间舆论场中的"政治正确"。以至于著名的社群主义者桑德尔到中国进行其著名的"公正"演讲时发现，中国人思想上比美国更"自由"，更加"不讲道德"。

这是一种比较有意思的现象，何以在自由主义的美国，却孕育出了一大批"社会主义"者，而在社会主义的中国却产生了一大批完全的自由市场主义者。这个其实不难理解，美国的马克思主义和社会主义并非我们所想象的马克思主义和社会主义，中国的自由主义也只是我们所想象的美国自由主义，并非真正的美式自由主义罢了。这也是本书使我们产生陌生感的第二点，即本书虽然是马克思主义的，但它又与我们的马克思主义有所不同。首先表现在研究方法上。柯伦教授的这部著作采用了社会学的研究方法，从大量的史料和访谈中得出结论。柯伦教授本人就是一个社会学者。这种社会学研究方式对于我们的马克思主义研究来说具有一定的陌生感。在我国面对社会现实时，马克思主义已经很难表现出尖锐的批判性，一定程度上来说马克思主义研究已经"去现实化"，更多地体现出规范性的一面，更多的研究是一种基于政治合法性考虑的思辨式论证，和现实连接更多的是在宏观层面和意识形态层面，其论证方式要么是高打高举式的，要么是勾勒式的、粗线条的，难以从现实生活细节上进行实证性研究，这也使人们对马克思主义会产生疏离之感。这方面柯伦教授为我们作出了一个很好的示范。虽然他在开篇就提出了美国煤矿安全问题的阶级属性，对以矿主为代表的资本家表达了其鲜明的立场，认为矿难问题及矿工境遇从本质上来说是由资本嗜血的特性所决定的，矿山安全法律本质上反映了大资本家的利益。但从其内容来看，他对矿主资本家并没有止于单纯的道德批判，而是一头扎进矿难的故纸堆里找寻扎实的证据。法律的虚伪、资本家的狡诈、政治家的作秀、矿工斗争的无力等都一一呈现在读者面前。这时我们所看到的不再是一句句意识形态式的口号宣言，而是一个个具体的数字、一张张生动的面孔、一幕幕生动的场景。此时的马克思主义也不再是抽象的口号式的马克思主义，而是包含有生活细节的具有温度的马克思主义。

再次是观点的陌生感。虽然我们很早就接受了资本主义"水深火热"的宣传和教育,但多停留在早期的课本和媒体宣传上。对于普罗大众而言,当前已经很难采用阶级的视角来观察美国社会,西方国家也普遍进入到福利国家阶段,阶级一词也从我们的日常话语中逐渐消失。但柯伦教授通过本书又为我们描绘了美国阶级社会的场景,构建了我们日常体验之外的新的政治图景。他提出了美国煤矿安全问题的实质乃是阶级间的差异和矛盾,美国煤矿安全问题的解决固然有工人阶级斗争的因素,但实际上安全问题的主导权仍然牢牢把握在矿主资本家手中。表面上来看,矿工工会组织的斗争对于煤矿安全立法具有重要推动作用,但从实际效果来看,这些矿山安全立法对于解决矿工死伤问题实际上没什么太大作用。法律只是作出了许诺,但政府从来没有建立一个稳定的承诺执行机制。同时法律本身也存在着诸多的漏洞。几乎所有的法律都含有自由裁量条款,设立了有利于大公司的冗长审查条例,使条款难以发挥作用。这从本书的英文名"Dead Law for Dead Men"就可以看出作者的态度。他认为这些法律只不过是政客面对政治压力而不得不作出的姿态,只是为了减少工人抗争,但在实际上并没有改善矿工的处境。煤矿安全立法虽然提升了矿主的安全成本,但实际上它也成为了大矿主打击小矿主的工具,小矿主由于难以满足新的安全标准而不得不选择破产关闭,从而加剧了煤炭开采行业的垄断趋势。煤炭开采垄断地位的形成对于煤炭矿工更加不利,它严重削弱了煤矿矿工的谈判能力。一次次的罢工虽然在短期内获得了胜利,但也促使矿主更加依赖于机械开采而减少矿工人数。随着开采技术的进步,美国煤矿矿工也在逐渐减少,矿工面对资本家的谈判能力也就更加弱化,以至于作为工人阶级重要组成部分的矿工工人面临着日益被边缘化的命运。随着矿工工人影响力的下降,用作者的话说,那就是"尽管煤矿里依然是死伤不断,但已无人关注他们的悲欢"。因此,作者认为所谓的法律形同虚设,只不过是"安抚矿工的工具",它遮掩了美国现实,"我国在人权的许多方面都谈不上进步。例如采煤安全就是我们国家无所作为而又毫不知耻的领域"。

应当说柯伦教授的著作给予我的研究以很大启发,尤其是他对美国矿工工会以及安全法规执行过程中的行政官僚的描绘,使我得以深入到以往难以涉及的政治过程领域。但同时我也认为,美国矿山安全治理当前所取得的成就也难以用一句"Dead Law"就能概括。当前采矿业已经成为美国最为安全的行业之一,应当说一系列相关法律起到了至关重要的作用。而推动这些安全法律通过的政治力量主要来自三个方面:

一是政治价值观念的转变。综观美国100多年的矿山安全治理历程,可以发现,它们的治理也绝非是一帆风顺的过程,同样也是各种利益冲突的过程,是各种利益结构调整的过程。面对这些利益结构的重塑,美国政治体系一开始并没有给出足够的回应,而是抱着一个"听之任之"的态度。这是因为在19世纪美国还处于一个信奉"契约自由"的时代。在这个理念的支配之下,矿山安全问题就不再是一个公共性的问题,而成为了一个"私人"问题,即雇主和雇员之间的"民事"纠纷。这种民事纠纷的处理方式应当回到双方最初的契约中去寻找。对于矿工来说,在接受这份工作的同时也就意味着接受了工作其中所涵盖的风险。雇主所给的工资已经包含了对采矿业所蕴含的高风险的补偿。既然如此,如果发生了事故,也只能抱怨自己运气不佳,长叹一声了事。

然而到了20世纪30年代,随着资本主义世界经济危机的爆发,美国也陷入到一片大萧条之中。面对这种情势,美国新上任的罗斯福总统果断地抛弃了政府不干预政策,转而拥抱凯恩斯主义,开启了政府全面介入社会的现代自由主义时代。在现代自由主义的旗帜下,所谓的"契约自由"理念也被摒弃掉,在矿山安全问题上,美国也开始进入了一个侵犯法时代。这时矿山安全事故也就不再是一个私人化的问题,而是开始进入大众视野成为一个公共事件。联邦政府也不再奉行不介入政策,而是采取积极的措施企图降低矿难死伤人数。联邦政府开始通过一系列法律,使联邦政府可以越过州政府而直接介入到矿山安全问题。一直到20世纪70年代美国煤矿安全和健康管理局(MSHA)成立,才标志着美国联邦政府主导安全治理的体制得以彻底建立,也开始试行了有史以来最为严格、严厉的矿山安全监管制度。迄今为止,美国运行的依然是这一套制度。然而到了80年代,随着里根总统的上台,美国潜伏已久的新自由主义思想又开始兴起,重新成为政府的指导思想。新自由主义思想虽然打着复兴古典自由的旗号,但时过境迁,已然无法完全回到古典自由主义所处的时代。对于里根政府来说,他所能做的就是放松规制,解除很多矿山安全机构的监管权力,试图通过市场的力量给予矿山经营者以约束,实现安全目标的自我实现。对于很多矿主来说,面对高额的赔偿金,基于经济理性考虑,也会加大安全投入,降低矿难发生率。应当说里根政府的措施收到了一定成效,虽然监管机构减少了,但监管效果并没有下降,到了 20 世纪 90 年代末,采煤业的百万吨死亡率就开始长期处于低水位上,采煤业也成为全美最安全的行业之一。

二是利益结构的变化。仅仅用价值观的变迁来解释美国采矿业安全形势的转变是远远不够的。因为任何价值观变迁背后一定隐含着利益结构的变化。价值观的变迁只是利益结构变化的表象,利益结构变化才是价值观变迁的本质。对于美国矿山安全治理来说也是如此。在 20 世纪之初,无论是老罗斯福总统还是小罗斯福总统敢于冒天下之大不韪,勇敢地走在时代前列,一定有其不得不使然的背景。对于老罗斯福总统来说,正值美国的进步主义运动时期,扒粪运动风起云涌。这有赖于现代媒体业的兴起,使以前的一个地方性安全事件很快成为一个全国性事件。媒体对矿难事故的渲染性报道莫不使围观群众感同身受,同时也给政府造成了巨大压力,使政府必须要采取措施解决安全问题。就老罗斯福总统而言,当看待《屠场》这部小说所描绘的肮脏的生产环境时,也是吓得立即将烤肠扔到窗外,从而痛下决心要打破契约自由的桎梏,彻底解决安全问题。但走在时代前列时莫不受着时代整体性的保守主义牵绊。对老罗斯福来说也是如此。尤其是面对保守的最高法院,老罗斯福的很多措施也是无功而返。但其一往无前的改革精神确实成为了后来小罗斯福总统改革的先声。老罗斯福对改革确实是矢志不渝,以至于看到共和党候选人塔夫脱违背了自己的理念,自己不惜重新成立一个进步党参加竞选。

到了小罗斯福时代,面对的是全美史无前例的经济大萧条,整个社会原来的利益结构都受到了前所未有的冲击。这时小罗斯福总统果断拥抱了凯恩斯主义,对社会实行了大刀阔斧的改革。政府对矿山安全事务全面介入,不再局限于原来对"州际"事务的宪法解释。即使面对保守的最高法院不断否决,罗斯福也丝毫没有退缩,而是与之采取了针锋相对的态度。最终在1938 年迫使最高法院改变了立场,不再坚守原来的保守主义立场,而是对所谓"州际"事务进行了宽泛的解释,使联邦政府介入企业活动有了法律依据。这样,对于矿山安全事务的监管也从州主导的时代转向州和联邦合作的时

代。联邦也开始派驻监察员进驻矿区,对煤矿安全状况进行检查。到了 20
世纪 70 年代,随着联邦煤矿安全与健康管理局的成立,对矿山安全的治理也
开始从联邦和州合作的时代走向联邦全面主导的时代。MSHA 在全美所有
矿区的所在地都设立了地区办公室,由常驻的监察员随时随地对煤矿进行
检查而不必征得煤矿的同意。在事后的事故调查中也是坚持以 MSHA 为主
体,在必要的情况下由监察员会同地方政府、工会代表和矿主代表、专家代
表组成调查委员会。

　　三是矿工工会力量的增长。联邦对矿山安全事务的介入也使得美国矿
工工会获得了更大的正当性。尤其是在罗斯福新政以后矿工工会也得以蓬
勃发展。工会会员急剧增多,通过罢工给政府所施加的压力也是越来越大,
工会也越来越深度地参与到矿山安全治理中来。起码从表象上看,工会也
获得了越多越多的影响力。但需要指出的是,虽然工会的影响力符合矿工
是自身安全利益的最好维护者这一信条,但矿工工会内部的问题也在日益
损伤着自身的形象。这些问题包括自身工会内部腐化、工会会员流失、领导
人虚弱无力、工会影响力减弱等一系列问题。以至于有理由怀疑,工会获得
影响力只是一种"幻想",实际上工会的影响力远远没有那么大。一方面矿
工自身的生存状态决定了它不可能对矿主有更大的谈判权力。对于很多矿
区来说,矿工不仅仅意味着这是一份工作,还意味着他全家的生活命运都与
矿区绑定在一起。在很多矿区都建有这种被矿主所控制的生活区,矿工能
在这些生活区居住下去是因为他能在这里工作,一旦因罢工失去了工作,也
就失去了家园。另一方面,矿难人数下降也不是因为矿工及矿工工会的影
响力所导致,实际上它和经济的增长所带来的煤炭消费量、采煤技术的增长
有着更为紧密的相关性。矿难人数和经济发展周期呈现一定的正相关,在
经济增长期,由于煤炭消费量上升,矿难死亡人数可能就会上升。反过来,
当经济处于衰退期时,煤炭消费量下降,矿难死亡人数就可能下降。另外,
从总体趋势来看,美国的煤炭消费是在下降的,所以这也在一定程度上带来
了矿难人数的下降。除此之外,与矿难人数下降更为相关的因素是采煤技
术的改进,使美国采煤矿工人数呈大幅度下降趋势。采煤技术的改进固然
有因工人罢工所带来的成本替代因素,但实际上即使没有工人罢工,新技术
所带来的效率提升也足以超过采煤矿工的用工成本。正因为如此,在采煤

技术突飞猛进的今天,由于煤矿对矿工的依赖性日益下降,矿工工会的影响力也是日益衰减。

三

我在 2012 年接触到本书,与柯伦教授本人的交往则始于 2013 年 2 月。最初的原因是为了申请出国访学,看到柯伦教授的研究方向正好契合我的研究项目,于是就到戴顿大学的学校网站上找到柯伦教授的联系方式,冒昧地向其发了一封邮件,表达了向其申请访学的请求。彼时柯伦教授正在担任戴顿大学校长,我认为他很忙,也就没报太大期待。没想到不到两天就收到了柯伦教授的回复,要求我提供进一步的资料。于是我立即又发过去了我的个人简历和研究计划。但不知道什么原因,再也没有收到柯伦教授的回信。几个月以后我在上海陪女儿参观科技馆的时候,突然接到王卫平老师的电话。王卫平老师是柯伦教授在戴顿大学的同事,在之后的一段时间里,王老师充当了我和柯伦教授之间沟通桥梁的角色,很多事情都是王老师打电话给我转达柯伦教授的意见。可以说,如果没有王卫平老师,我和柯伦教授的沟通不会那么顺利。王老师告诉我,不知道什么原因,柯伦教授给我的回信总是被退回,于是他就让王卫平老师与我电话联系。她向我转达了柯伦教授的几点意思:首先,柯伦教授担任校长,现在的精力难以保证,没法满足我的请求。其次,他愿意给我提供帮助,提供相关资料来做这个项目。以后如果有什么要求,可以直接与他联系。虽然访学没有成行,但柯伦教授的认真态度依然使我很感动。之后我联系到美国科罗拉多矿业大学进行访学,但由于种种原因,很遗憾没能去戴顿大学与柯伦教授见面。直到 2016 年,我决定把本书翻译过来时,我又给柯伦教授发了邮件表示对这部著作非常感兴趣,想译成中文。但由于领域比较狭窄,读者群体比较小,能不能免费转让版权,这样出版社才愿意出版,我也愿意免费翻译。柯伦校长表示说他自己也非常希望能把自己的著作介绍给中国读者。就他个人而言,他愿意免费转让,但版权的事他自己也做不了主,书出版以后版权就归属出版社了,他还需要询问该书的出版商匹兹堡出版社。很快,经过和出版社的协商,出版社表示愿意免费出让版权,但需要签订一个和销量挂钩的合同,即如果销量达到一定的数目以上，可以获得一定的版税。我把这个意见转达给译著的出版方天津人民出版社之后，他们表示同意，这件事才算正式敲定下来。

在翻译的过程中，柯伦教授多次表示他非常看重翻译的质量。在王卫平老师的陪同下，他在 2016 年 10 月份还专门来徐州沟通翻译事宜。在徐州的皇冠假日酒店我第一次见到了柯伦教授，用句外交辞令来说，沟通是坦诚而愉快的。柯伦教授坦诚地指出初稿中所存在的一些问题，需要在校对中加以改正。另外，他还提出他的姓"curran"不应当翻译成"库兰"，因为他有固定的中文姓"柯伦"，为此他送给了我一张中文名片加以佐证。另外，我们还对书名进行了沟通。书的英文主标题是"DEAD LAW FOR DEAD MEM"，我意译成了"形同虚设的法律 死不瞑目的亡灵"。但出版社建议改为一个更为简洁的名字"黑洞"，我觉得非常传神。但柯伦教授担心书名是不是曲解了他的本意，另外黑洞这个词语会不会引发不良的政治联想，带来政治审查。我对其作了解释，从出版方来看过于冗长的标题不利于书的推广。黑洞这个词正好比较形象地说明了矿难事故不断吞噬着矿工的生命，但法律却形同虚设的情景。最后他同意采用这个名称。沟通完翻译事宜之后，我提出开车带柯伦教授到我们学校及徐州盛景云龙湖看看，他欣然同意。在这之前，柯伦教授已经十多次来到中国，可以说对中国非常熟悉，也很有感情。对于中国的大学校园也不陌生，但当其看到我们学校的"马克思主义学院"标牌时，还是显示了些许的兴奋。对于一个美国马克思主义者来说，能在中国看到专门地研究马克思主义的学院，不知柯伦教授是否有找到"组织"的感觉。

在翻译过程中，本书尽量做到忠于原著。但对于书中所引用的马克思主义著作原文部分，本书则是直接采用当前国内已经出版的《马克思主义全集》中已有的翻译文本。对于柯伦所引用的马克思主义著作文本与中文版本段落顺序的差异则在书中进行了标注，基于忠于原著的原则没有进行更改。另外，书中对于亚里士多德原话的引用本人则是采用了国内当前的《政治学》译著文本，没有另作翻译。

对于本书的出版还要感谢我的研究生王莹同学，作为译者之一，她承担了译稿初稿的重要翻译工作。同时，还要感谢本书的编辑郑玥，正是她的努力促成了这本书的出版。这部译著也是我第一次尝试从事翻译工作,由于本人水平有限,最后成稿难免存在不少谬误,欢迎各界同仁批评指正!本人定认真汲取各位的意见,不断增进自己的翻译水平!本人联系邮箱 xuchao@cumt. edu. cn。

2018 年 8 月 14 日